服装裁剪与缝纫入门完全图解

易乐 易凌泽 编著

U0304275

人 民 邮 电 出 版 社
北 京

图书在版编目（CIP）数据

服装裁剪与缝纫入门完全图解 / 易乐，易凌泽编著
. -- 北京 : 人民邮电出版社，2022.5
ISBN 978-7-115-57376-6

Ⅰ. ①服… Ⅱ. ①易… ②易… Ⅲ. ①服装量裁－图解②服装缝制－图解 Ⅳ. ①TS941.63-64

中国版本图书馆CIP数据核字(2021)第194038号

内容提要

本书从缝纫机的基础知识和手缝的基本技巧开始讲解，以图文并茂的形式讲解了布料的裁剪知识、常用的缝型工艺和缝纫技巧，然后对蝴蝶结、洛丽塔发带、洛丽塔颈饰、洛丽塔手袖、中国风手提包、对襟上襦、齐腰襦裙、基础款及进阶款洛丽塔小裙子的缝纫与制作进行了详细的介绍。不管你是缝纫初学者还是缝纫达人，都能够在这本书中找到你所需要的缝纫知识。

◆ 编　　著　易　乐　易凌泽
责任编辑　王　铁
责任印制　周昇亮
◆ 人民邮电出版社出版发行　　北京市丰台区成寿寺路 11 号
邮编　100164　　电子邮件　315@ptpress.com.cn
网址　https://www.ptpress.com.cn
三河市中晟雅豪印务有限公司印刷
◆ 开本：787×1092　1/16
印张：8.75　　2022 年 5 月第 1 版
字数：192 千字　　2022 年 5 月河北第 1 次印刷

定价：89.00 元

读者服务热线：(010)81055296　印装质量热线：(010)81055316
反盗版热线：(010)81055315
广告经营许可证：京东市监广登字 20170147 号

CONTENTS

目录

第 7 章

常用的缝纫技巧

第 8 章

小物的制作

第 9 章

对襟上襦的制作

第 10 章

齐腰襦裙的制作

第 11 章

基础款洛丽塔小裙子的制作

第 12 章

进阶款洛丽塔小裙子的制作

认识缝纫机及其相关配件

做手工是件很有意思的事情，不管是做衣服，还是做一些包包、围巾等小物，看到它们慢慢变成自己想要的样子，并陪伴在自己在乎的人身边时，真的会有一种很幸福的感觉。慢慢享受，岁月安好。

“工欲善其事，必先利其器”，有一台好用的缝纫机当然能事半功倍。对于想入门的新手而言，了解缝纫机，选择一台适合自己的缝纫机，也是一个优先事项。一般来说，缝纫机分为工业缝纫机和家用缝纫机，那么我们就先来了解一下吧。

1.1

初步认识缝纫机的构造、各部件及其作用

◆ 工业缝纫机

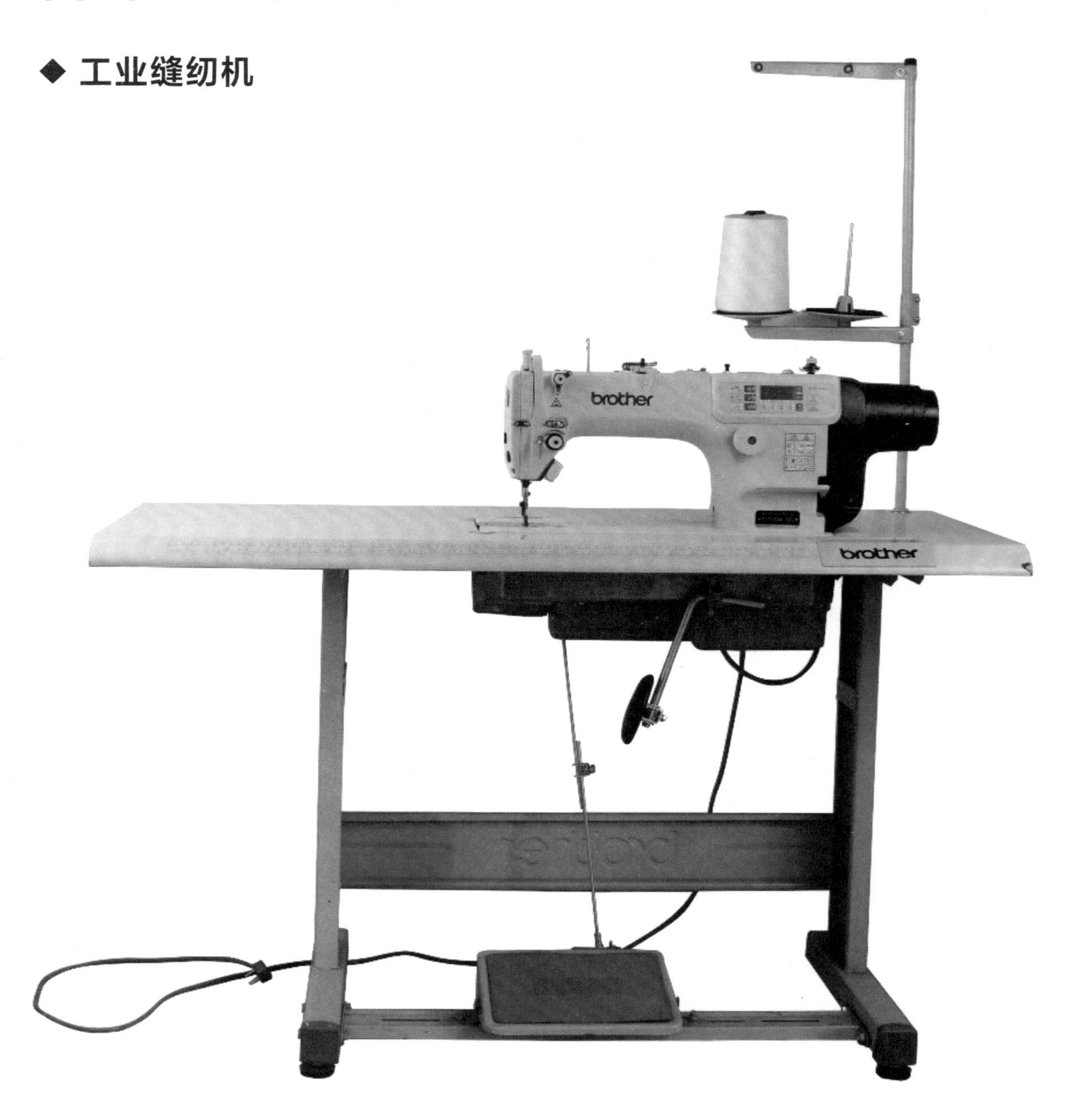

工业缝纫机整体。

机头，大部分的操作都在这里完成。

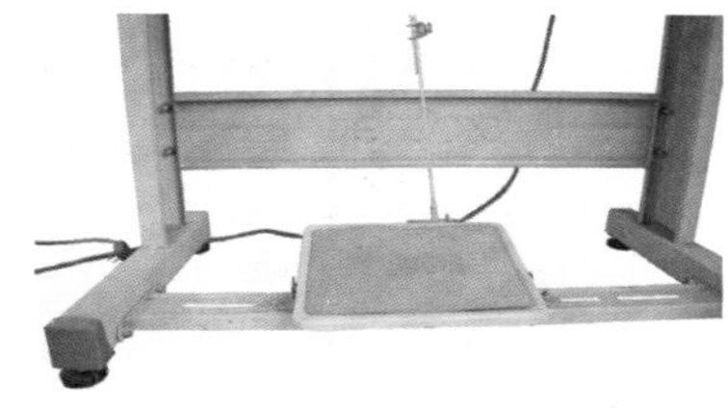

踏板，脚踩踏板开始缝纫。

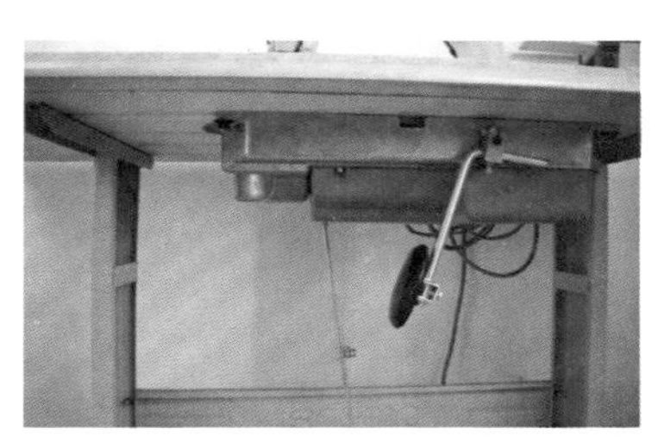

膝抬，膝盖向右靠即可抬起压脚，非常方便。

线架，可以放两个线团，一个用于缝纫，另一个用于卷底线。

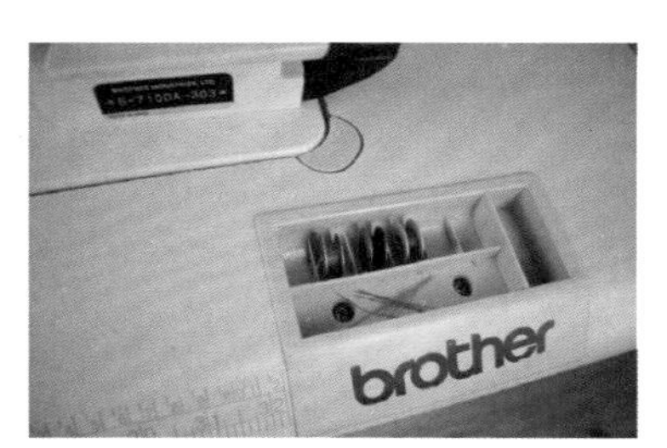

收纳盒，可以收纳一些常用的物品。

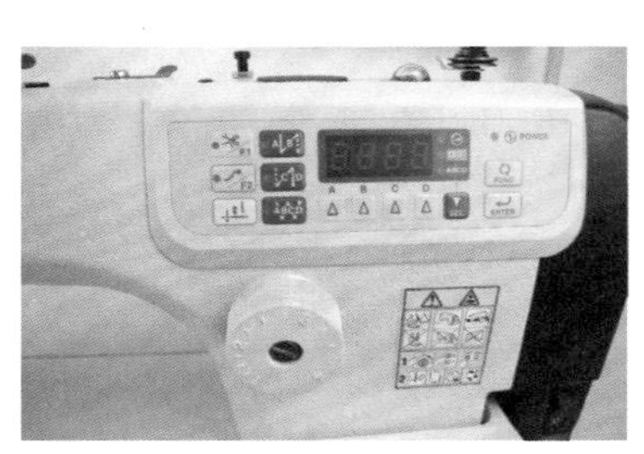

工业缝纫机上会有一个调节剪线、倒针的显示屏。

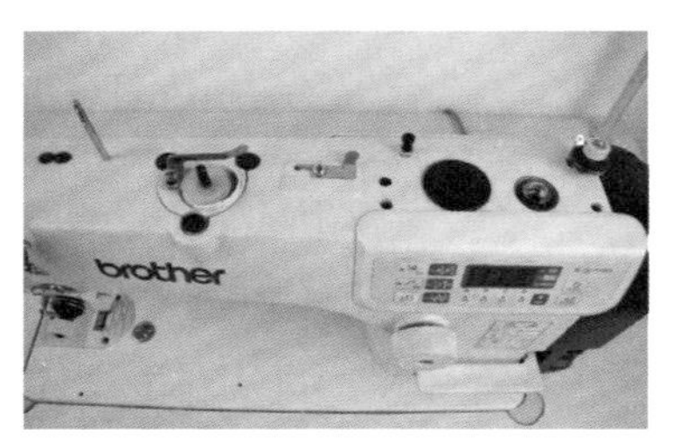

卷底线的区域，不同的缝纫机其位置有所不同，有些工业缝纫机卷底线的区域在机头的右边。

针板、机针和压脚，这是进行缝纫操作的主要区域，工业缝纫机的这个位置会设置一个手按的倒针按钮。

◆ 家用缝纫机

家用缝纫机整体。

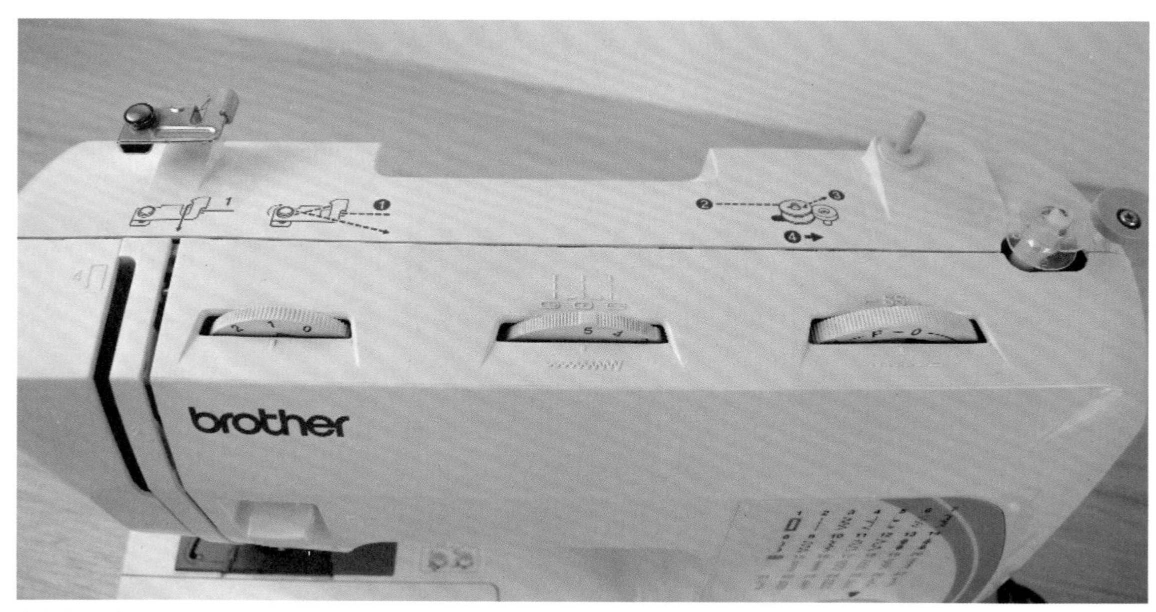

卷底线和调整针距、针法松紧的区域。

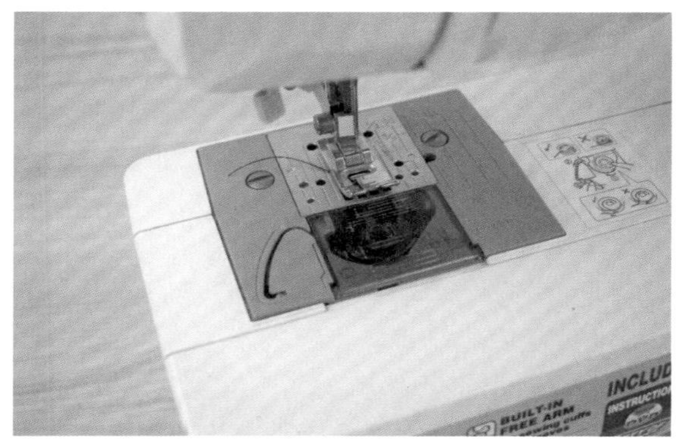

机针、压脚和针板，这个区域是主要的操作区域。

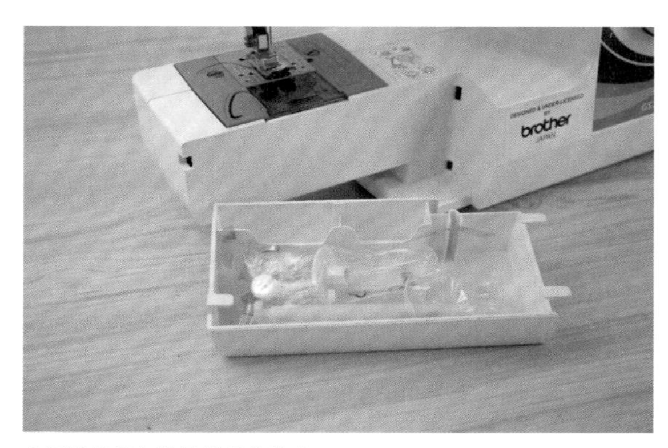

家用缝纫机自带的简易收纳盒。

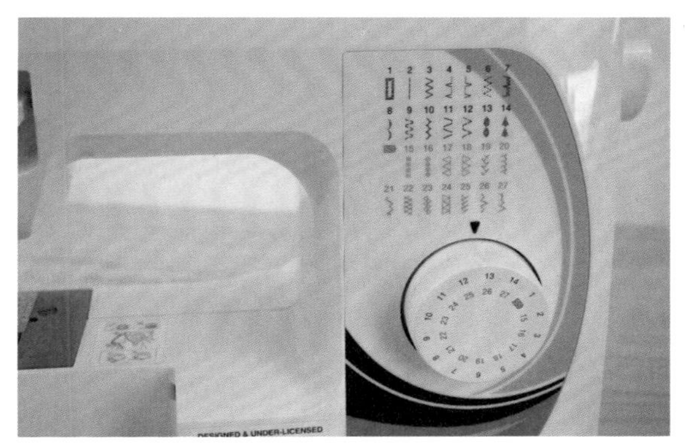

调整花式针法的区域。

电源开关和插电源线的地方。

根据需要可以加上扩展台。

图示中缝纫机的电源线有 3 个插头，其中一个插头插在缝纫机上，从这头分出去有两个插头，分别是电源插头和连接到踏板的插头。

1.2

使用工业缝纫机的准备工作

工业缝纫机适合工业生产，但也有很多人买来家用。工业缝纫机自带桌子，比较占空间，机身也比较重。它的优点主要体现在线迹稳定漂亮，薄厚适应范围广，缝制速度快，可以长时间高强度运行且经久耐用，缝制过程不让人操心。它的缺点就是功能单一，只能走直线，锁边及锁扣眼需要另外的机器。所以在家使用工业缝纫机的缝纫爱好者通常会另买锁边机进行锁边，若有必要还会购买一台家用缝纫机来锁扣眼。

工业缝纫机的穿线过程如下。

安装压脚和机针。

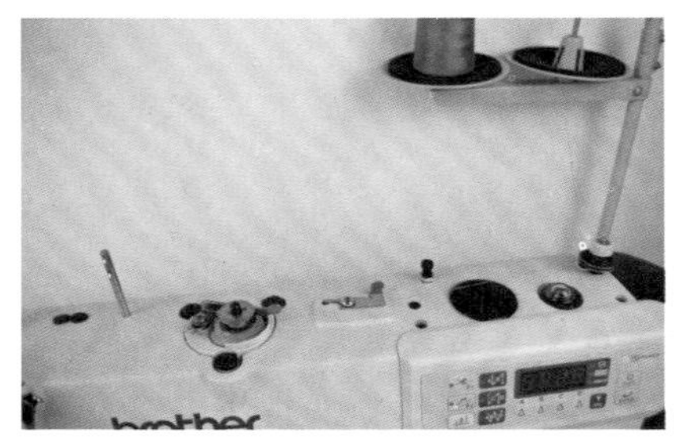

给锁芯绕底线。

根据顺序穿面线。

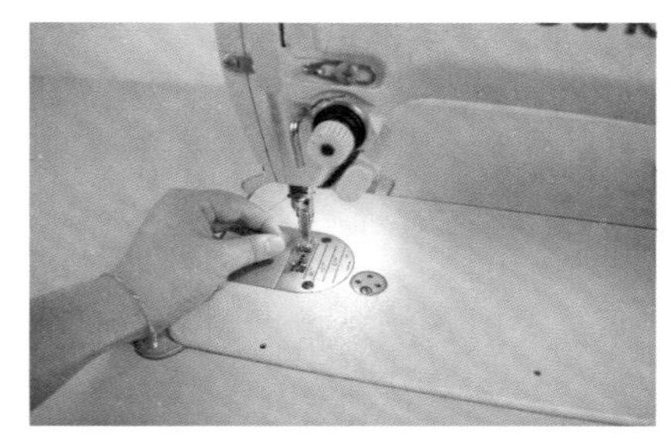

按从左往右的方式穿面线。

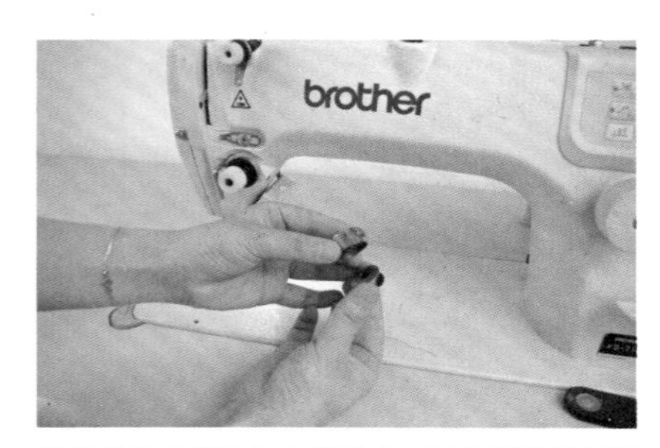

把卷好线的梭芯放入梭壳内，再放到缝纫机机头下面的梭壳槽中。

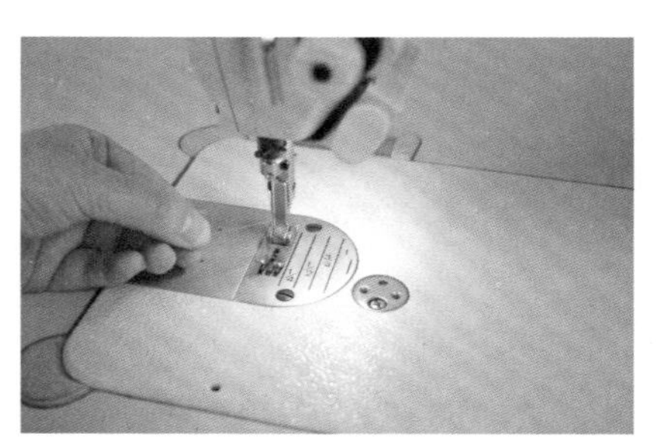

左手拉直面线，右手转动手轮，把底线拉到上面来。

1.3

使用家用缝纫机的准备工作

家用缝纫机适合居家缝纫，它的优点体现为功能多、线迹多，占地不大、方便收纳，可以简易锁边、锁扣眼，一机就可以完成很多工作；缺点是线迹不如工业缝纫机稳定，薄厚适应范围窄，缝制速度较工业缝纫机慢一些。

家用缝纫机的穿线过程如下。

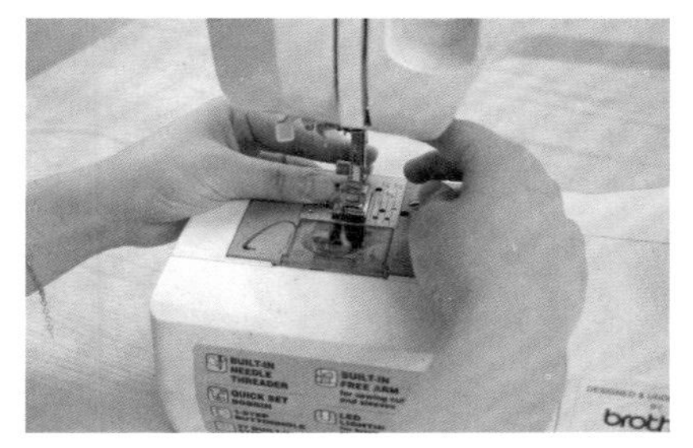

安装压脚和机针。

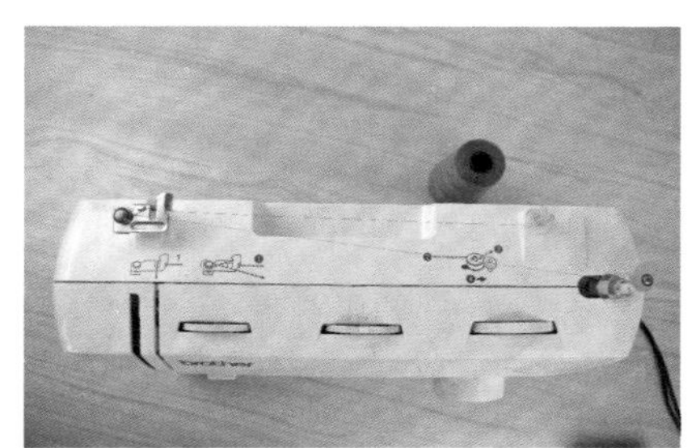

给锁芯绕底线。

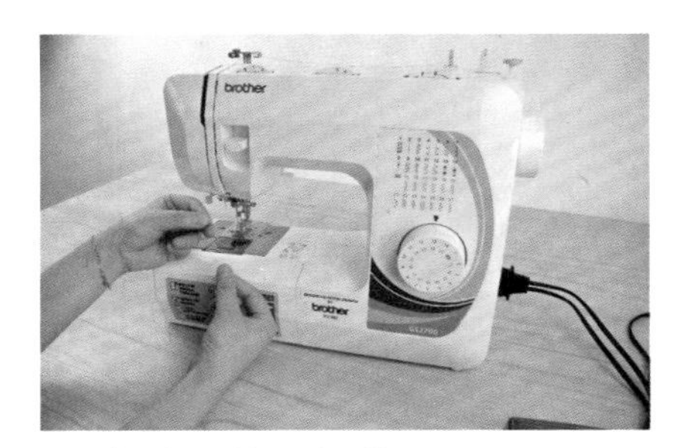

根据缝纫机上的标识穿面线。

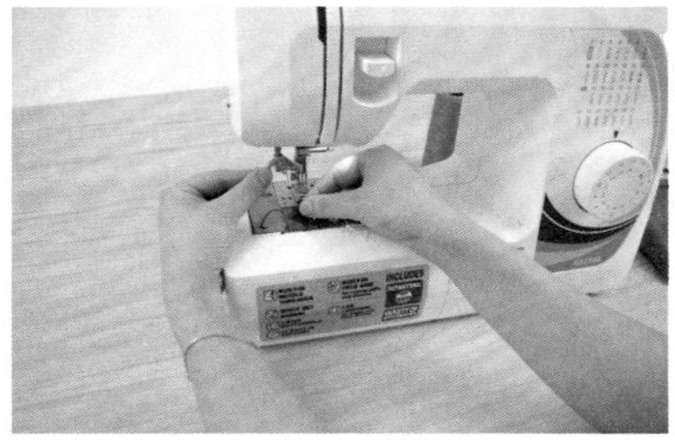

按从前往后的方式穿面线。家用缝纫机大多配有自动穿线器，可借助自动穿线器快速穿线。

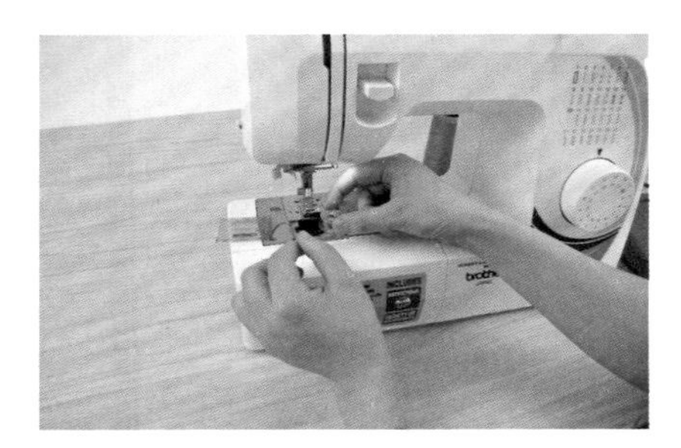

根据缝纫机上的标识放入梭芯。

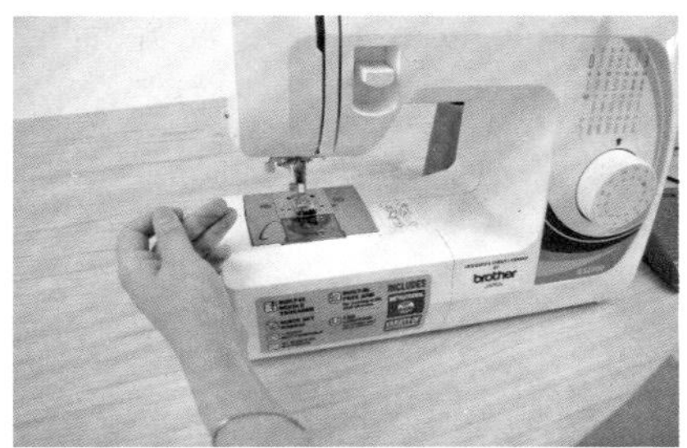

左手拉直面线，右手转动手轮，把底线拉到上面来。

Tips

不同的缝纫机其操作会有些许不同，具体可以参照缝纫机的说明书和官方的指导视频。

1.4

缝纫机的常用配件

◆ 工业缝纫机的常用配件

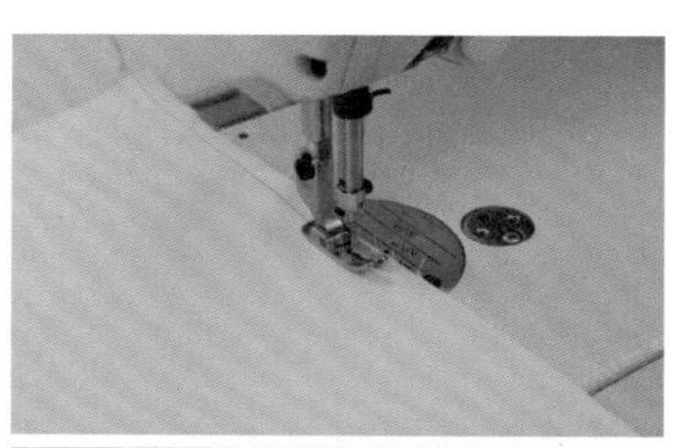

定规，又叫定位规，即图中布料右侧的金属制品。它一般带有磁铁并固定在机台上，可以用来挡住布料的右侧，从而确保布料在缝纫过程中不走歪，保持缝份的一致性。

普通压脚，通常起到送布和稳定的作用，普通压脚有大有小。

塑料压脚，它相比普通压脚摩擦更小，适合车丝绸等薄料和皮革类面料。

牙签压脚，适合窄小的缝份，用来上拉链也挺好用。

单边拉链压脚，通常用来上普通拉链，压脚一侧可以紧紧地靠着拉链齿根。

隐形拉链压脚，专门用于安装隐形拉链。下面有槽，可以直接把拉链齿压在槽里，保证紧紧靠着拉链齿走线固定。

高低压脚，通常一侧高一侧低，适合压布边线和用来缝制较厚的布料。

卷边压脚，用于卷边固定的压脚。

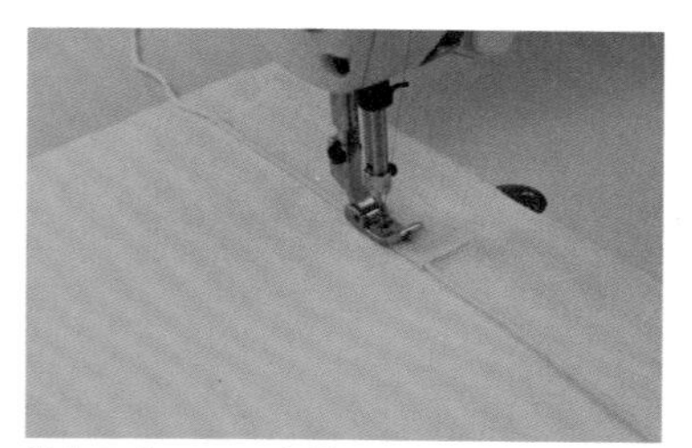

嵌条压脚，下面有槽，可以将绳子压住，从而紧紧地靠着绳子车线。

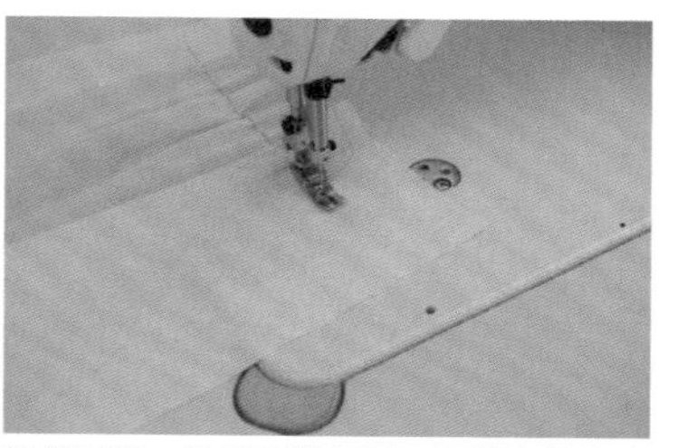

抽褶压脚，又叫打褶压脚，可以直接车出褶子，有可调节褶量和不可调节褶量两种压脚。

◆ 家用缝纫机的常用配件

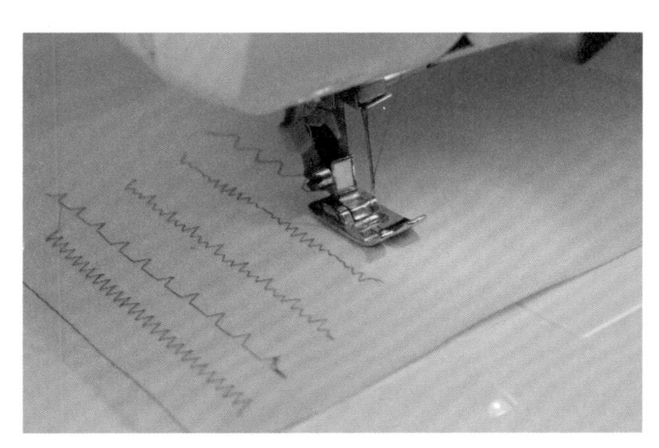

曲折压脚，缝直线、“之”字线等线迹时都可以使用。

暗缝针迹压脚，可用来对某些衣物进行收边而使正面不露线迹，因为它的主要线迹在内侧。

钉钮压脚，它可以使线穿过纽扣的孔并把纽扣缝到布料上。

钮孔压脚，也叫锁扣眼压脚，它可以根据扣子的宽度轻松地制作出扣眼。

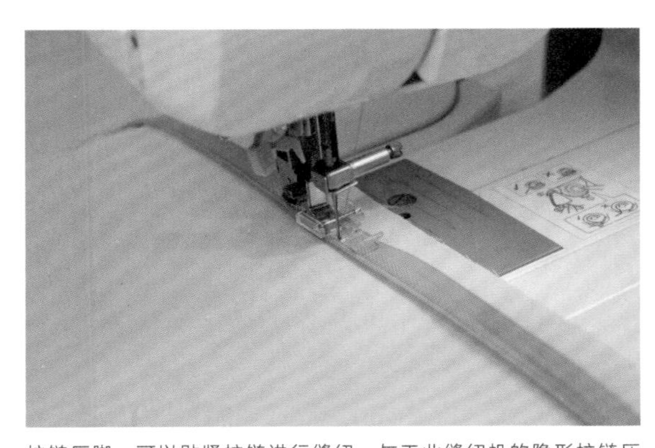

拉链压脚，可以贴紧拉链进行缝纫，与工业缝纫机的隐形拉链压脚类似。

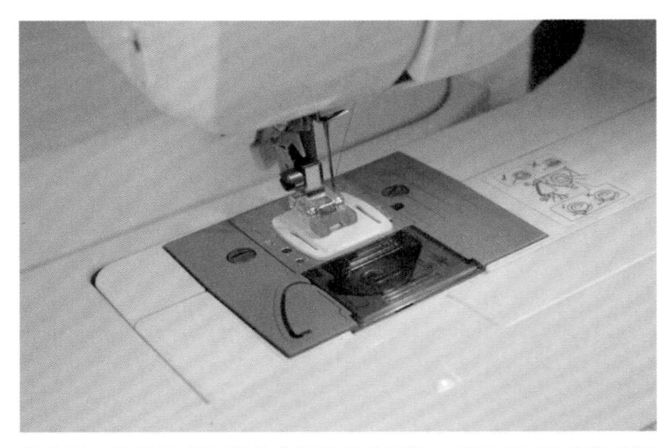

织补板，当我们手动绣花或钉纽扣的时候，若我们不希望送布牙将布料往前推，就可以装上织补板。

◆ 针线配件

缝纫线，有各种颜色、各种粗细的线，我们应根据服装的颜色和布料的种类进行选择。

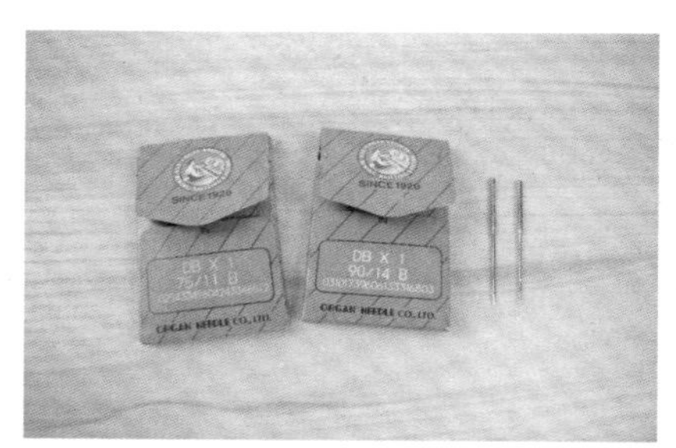

工业缝纫机机针，有各种型号，普通家用一般准备 11 号和 14 号即可。11 号适合缝制薄料，14 号适合缝制厚一点的布料，当然我们也可以根据缝纫的物品准备更细或更粗的机针。

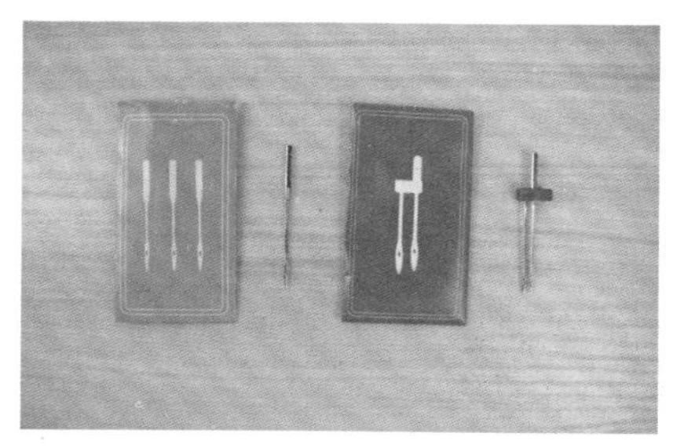

家用缝纫机机针，选择方式和工业缝纫机机针类似。有些缝纫机支持双针，可以同时车出两条相同的线迹，用来装饰或加固。

橡筋线，绕在梭芯上做底线用，可以做出褶皱的效果。

1.5 新手的缝纫机购买指南

缝纫机的品牌和型号多种多样，我们在购买前首先要明确自己的需求和预算，这两点搞清楚了，选择起来就会轻松许多。

如果你是一时兴起想尝试一下，不太确定自己能否坚持下去，那么可以考虑入门机型或二手家用缝纫机；如果你确定想要长期使用且预算足够，建议购买功能多、稳定性好的中高端机器。

常见的缝纫机品牌主要分为国外品牌和国产品牌两种，国外品牌主要有兄弟（日本）、胜家（美国）、重机（日本）和车乐美（日本）等，国产品牌主要有蝴蝶、飞跃、杰克、芳华等。

我对 100 多位缝纫爱好者使用机器的购买价格、使用体验等做了问卷调查，这里根据反馈结果，推荐不同价位大家觉得好用的缝纫机机型作为参考。

◆ 工业缝纫机

工业缝纫机主要在线下实体店销售，线上卖的机型没有那么多，口碑不错的品牌有日本产的兄弟、重机和国产的杰克。工业缝纫机的质量都很不错，毕竟要能满足高强度的工业制造需要。常用的机型有兄弟 S-7100A，其价格为 3900 元左右（2021 年）；国产的杰克 A4 也有很多人使用，其价格为 2800 元左右（2021 年）。其他的中捷、标准等国产品牌的价格为 1500~3000 元。当然，我们前面就已经说过，工业缝纫机只能走直线，如果买工业缝纫机，用起来会舒服很多，但是可能还需要再购买一台锁边机和一台家用缝纫机（用来锁扣眼）。

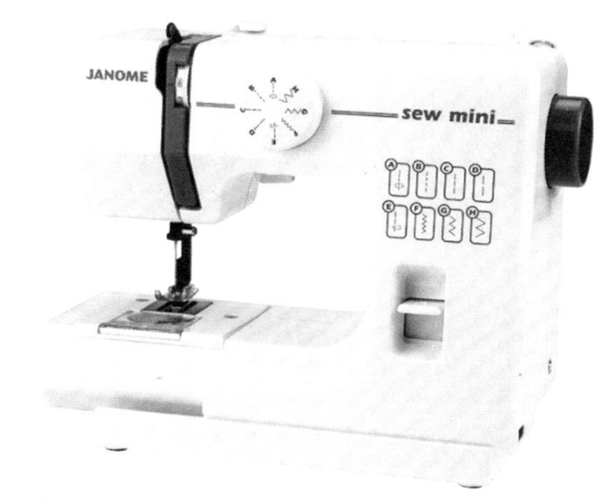

真善美 525A

◆ 500 元以下的家用缝纫机

500 元以下的机器稳定性基本都不太好，尤其是一些几十元的迷你缝纫机，基本上属于玩具，这类产品可偶尔用于缝补，用来缝纫肯定是很勉强的。500 元以下的缝纫机一般不太推荐，这个预算建议选择二手机器；如果实在要买新的，可以选择真善美 525A，其价格在 400 元左右（2021 年），且吃厚能力在同价位中算是不错的。

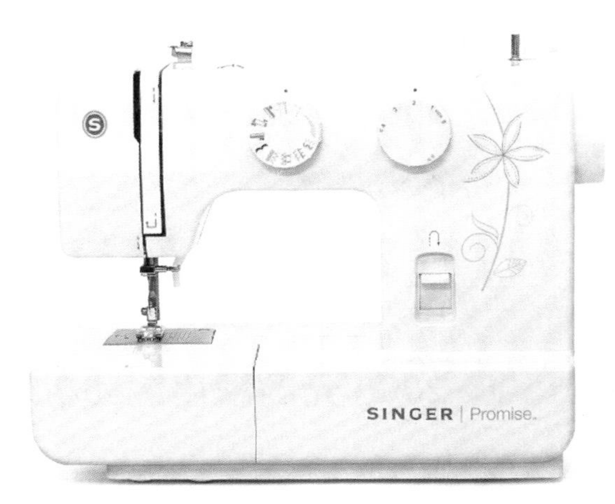

胜家 1412

◆ 500~800 元的家用缝纫机

在这个价位，我们可以选择胜家和蝴蝶两个品牌。例如可以选择胜家 1409 或胜家 1412，其具有锁边、锁扣眼功能，打折时差不多 600~700 元（2021 年）就能买到，可以满足基本的家用需求。

蝴蝶缝纫机是始于 1919 年的国产品牌，性价比不错，蝴蝶 JH7508 同样支持锁边和锁扣眼，打折的时候只要 600 元左右（2021 年）就能买到。

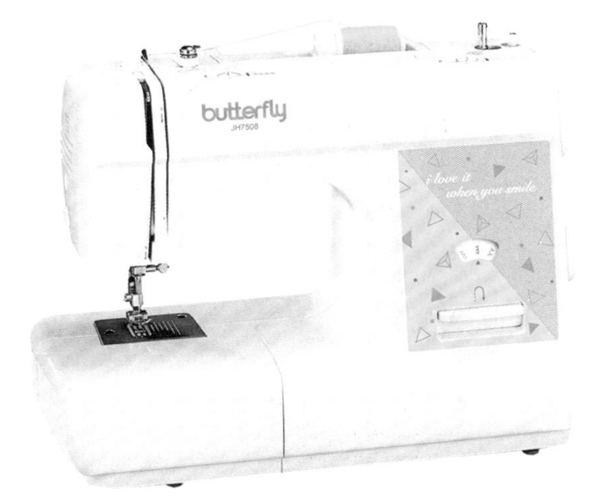

蝴蝶 JH7508

◆ 800~1000 元的家用缝纫机

这个价位有两个机型大家购买得较多，可以说是性价比很高的机型——兄弟 JD2799（GS2700 升级版）和重机 HZL-357。这两款机型的功能都很齐全，支持锁边、自动穿线、一步锁扣眼等，在打折的情况下价格都在 1000 元以内（2021 年），可以满足一个家庭在缝纫上的许多需求。

兄弟 JD2799

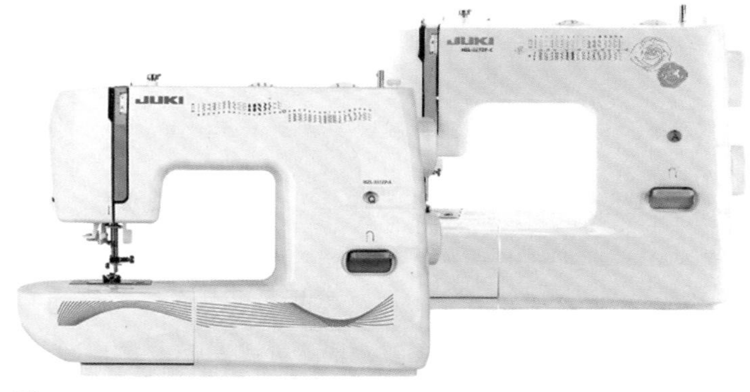

重机 HZL-357

◆ 1000~1500 元的家用缝纫机

这个价位的家用缝纫机基本上可以满足大部分家用需求。这里推荐胜家 5523。

胜家 5523 的口碑不错，结实耐用，有 23 种线迹，可一步锁扣眼，面线张力和压脚压力都可调节，在打折的时候只要 1200 元左右（2021 年）就能买到。

◆ 1500~2000 元的家用缝纫机

重机 HZL-80HP 是这个价位的较佳选择，它是目前使用者非常多的机器，其操作简单、功能齐全、性能稳定、吃厚能力强，并且对新手非常友好。新手选择这款机器入门，操作起来会简单很多。根据套餐的不同，其价格在 1500~1800 元（2021 年），建议购买时选择标配即可。

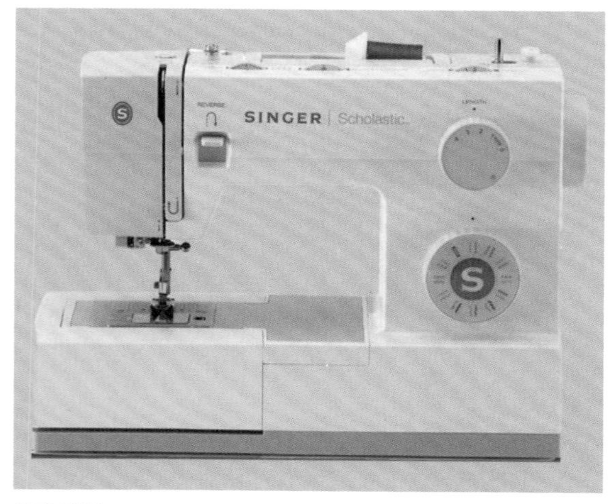

胜家 5523

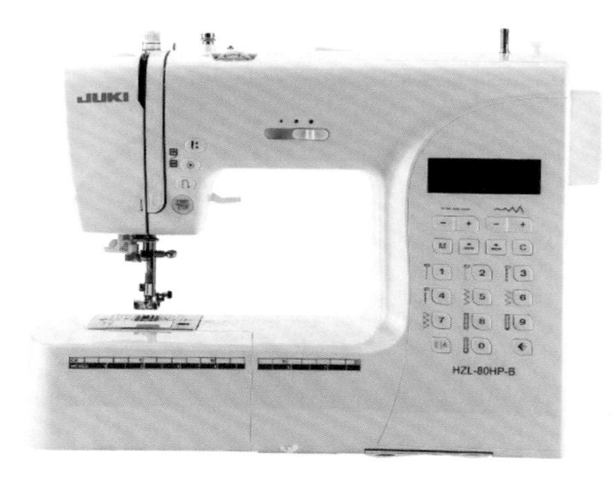

重机 HZL-80HP

◆ 2000元以上的家用缝纫机

在这个价位，我们可以考虑胜家9100和兄弟E50GN，其功能更多，也更加智能，价格为2400元左右（2021年）。价格再高一点的，就是一些带其他功能的机型，如绣花缝纫一体机，有绣花需求的人可以选择这类缝纫机，如美尔绣MRS600绣花机（约3200元，2021年）、兄弟绣花机NV180K（HelloKitty版，约4700元，2021年）。

大家在选择家用缝纫机的时候最应该关注的是其是否可锁边、是否可锁扣眼、是否吃厚、是否吃薄。其实很多家用缝纫机的吃厚能力都不错，但是吃薄能力较差。新手最容易陷入的误区是线迹多的缝纫机更好，实际上大部分线迹新手都用不上。

◆ 预算不多的情况

如果你的预算不多，又想买一台用起来很不错的机器，有没有办法呢？有的！买二手缝纫机。现在的缝纫爱好者中，有很多人在开始时并没有搞清楚自己的需求以及自己对缝纫的热爱程度，在做了一两件甚至一件衣服都没做出来时就觉得麻烦，选择出手几乎全新的缝纫机。你一般能在缝纫交流群中碰到这种情况，二手缝纫机的价格通常只有原价的六七成甚至一半，这是非常划算的。

有的人可能不喜欢二手缝纫机，想买便宜的新缝纫机，这也有办法，那就是海淘。在沃尔玛、亚马逊等网站上，有时候会有非常便宜的全新缝纫机出售，在型号几乎一样的情况下，国内卖1200元的机器，在沃尔玛上甚至会低至59美元（并不是一直这么便宜，得看时间），即使加上邮费也是划算的。但这种方法有门槛，那就是你必须会海淘，能让东西顺利寄到自己手里。还有就是海外产品的电压与我国不一样，因此我们需要额外配电压转换器。此外，海淘的缝纫机没有售后。所以，这就要看我们自己的选择啦。

◆ 缝纫机型号的更新换代

以上介绍的型号都会不断地更新换代，但价格变化基本不大，在每个价位厂家一般也不会推出多款产品进行竞争，所以即便产品已经升级换型号，我们也能方便地找到它的升级款。

手缝入门及基础针法

在没有缝纫机之前，想要做一些简单的衣服的时候，或者在有了缝纫机以后，为了达到隐藏线迹等目的，我们通常会用到手缝。利用手缝，我们在平常也可以完成一些简单的缝补工作。下面我们就来学习几种简单又常用的手缝针法吧。

2.1
平缝法

平缝法是最基础的针法，缝纫的方法是等距离地上下走线，要求线迹平直均匀、长短一致、排列顺直，可抽动聚拢。平缝法在袖山头、衬衫衣袋的圆角、手工收碎褶等地方会用到。

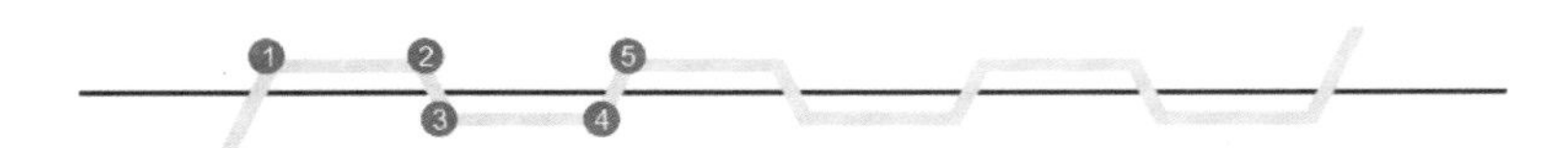

平缝法示意图

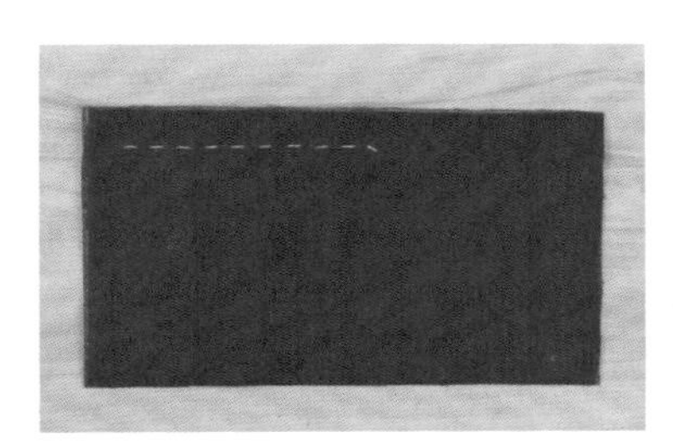

平缝法正面

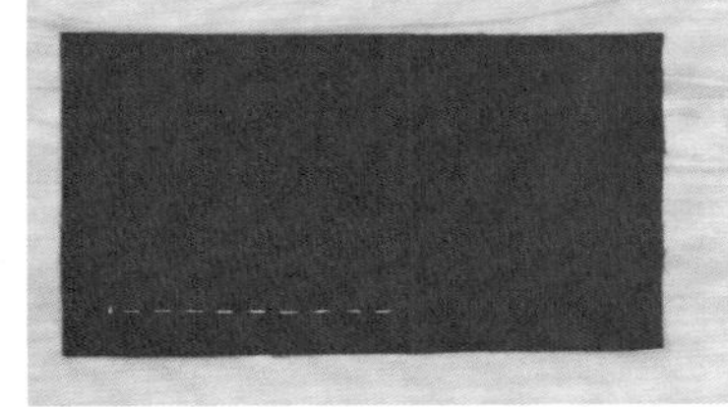

平缝法背面

2.2
擦针法

缝纫过程中有时需要将两片或多片布料临时固定到一起，这时候就会用到擦针法。擦针法与平缝法类似，只是线迹与平缝法不一样。擦针法显露于布料正面的线迹较长，暗露于布料背面的线迹较短，线迹要顺直，间隔要均匀，这样才美观。

擦针法示意图

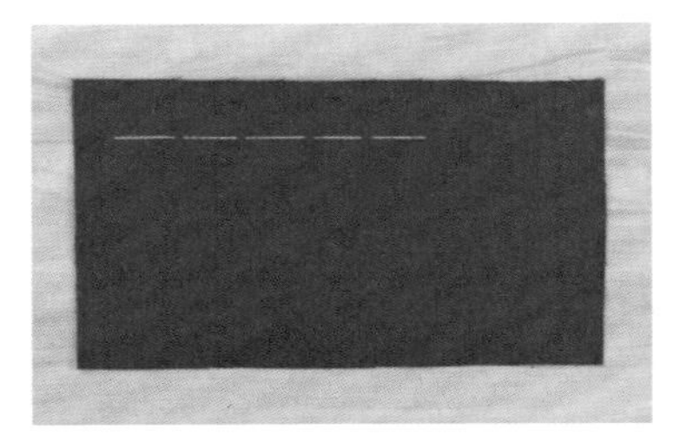

擦针法正面

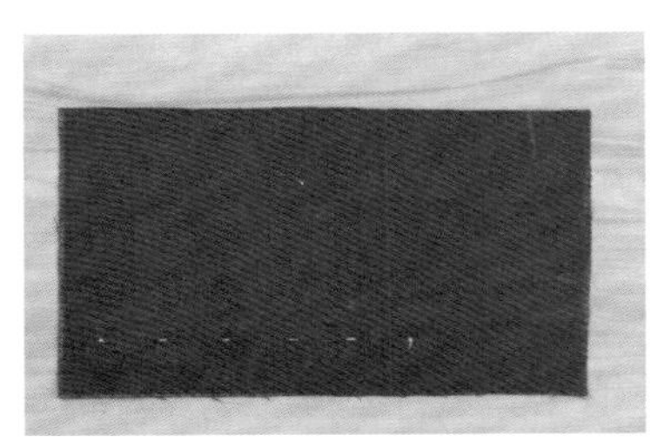

擦针法背面

2.3 通针法

通针法一般适用于下摆、袖口等地方，主要是为了达到不显露线迹的目的。折边之后，从折边沿进针，把线结藏在布料里，然后在下层布料上穿过一两根纱线，再从折边沿进去。整个针线基本上都走的折边内部，正面只有很小的点状线迹，若使用同色线则基本看不出有线迹。线迹要顺直不外露，间隔要均匀。

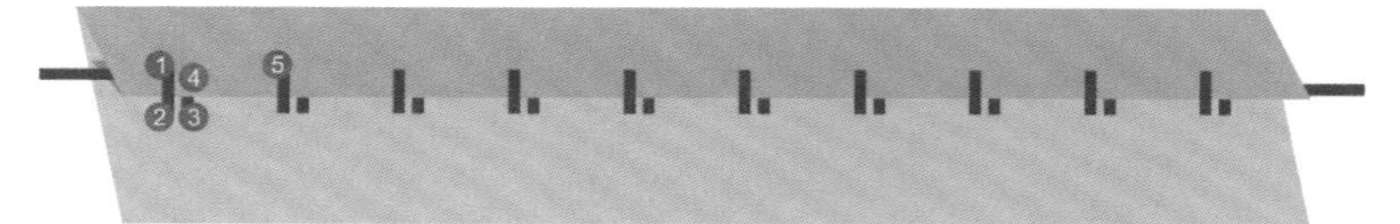

通针法示意图

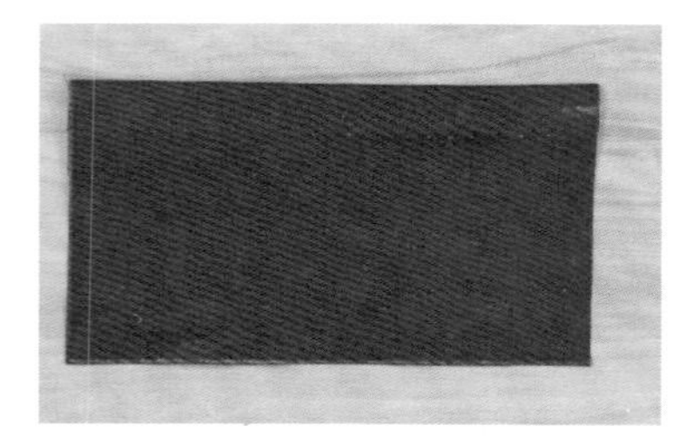
通针法正面

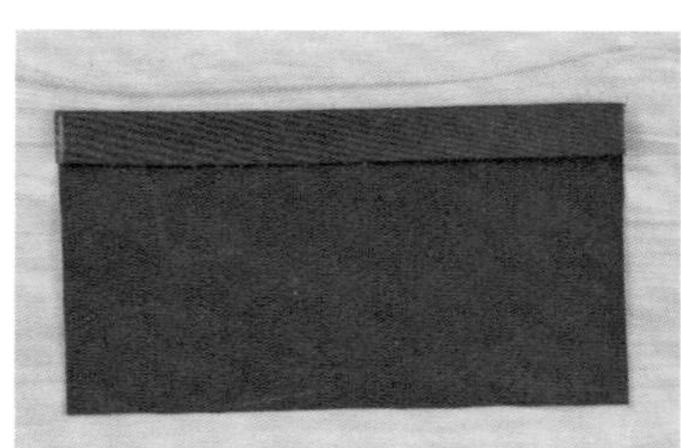
通针法背面

通针法细节

2.4 三角针法

在固定衣服的袖口边、底边及裤边时经常会用到三角针法，且三角针法有装饰效果。三角针法的正面线迹基本为点状，若使用同色线则基本看不出有线迹，其背面线迹呈交叉三角的样式。针距不要太大，要做到线迹整齐美观。

三角针法示意图

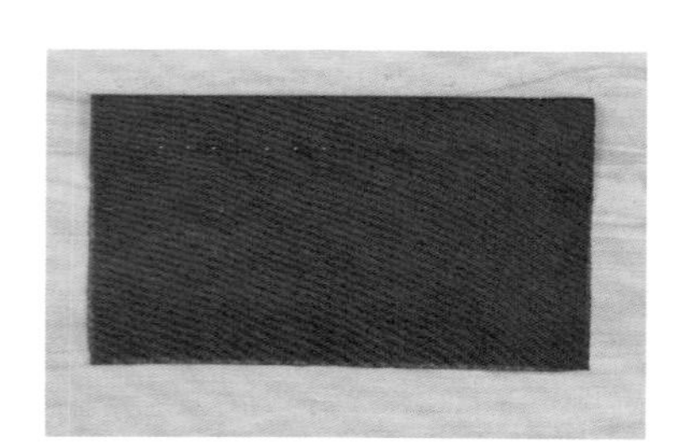
三角针法正面

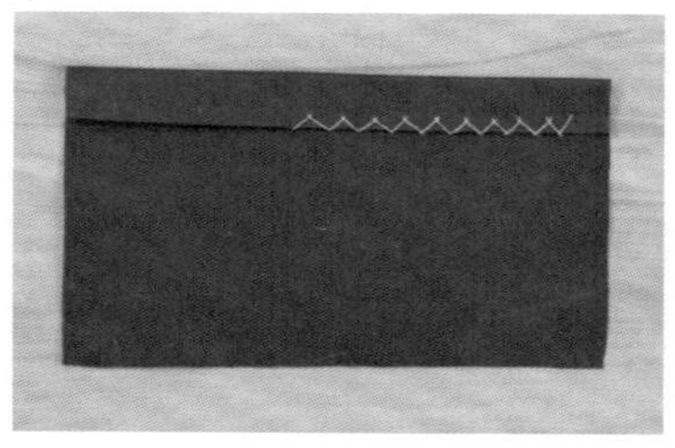
三角针法背面

三角针法细节

2.5

拱针法

要将双层或多层布料固定住，并要求线迹不明显时，就可以使用拱针法。拱针法正面的线迹较细短，排列整齐。拱针法适用于衣边装饰，在手缝汉服时也经常会用到。

缝制时，选择一侧的布料进针后退针，针在布料中间向前斜插，在多层布料夹层里移动一段距离后再出针，这样循环往前缝。

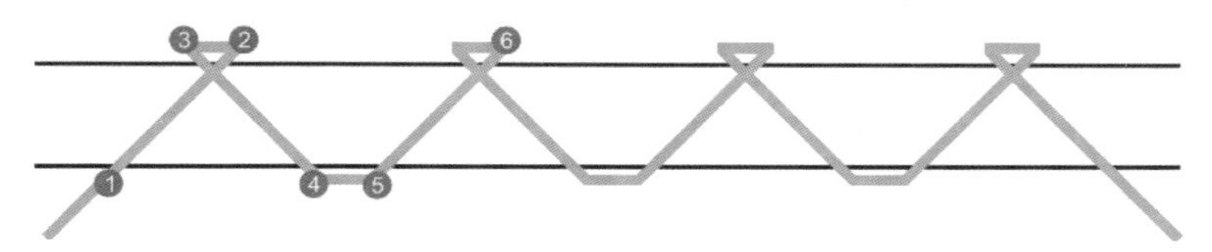

拱针法示意图

拱针法正面

拱针法背面

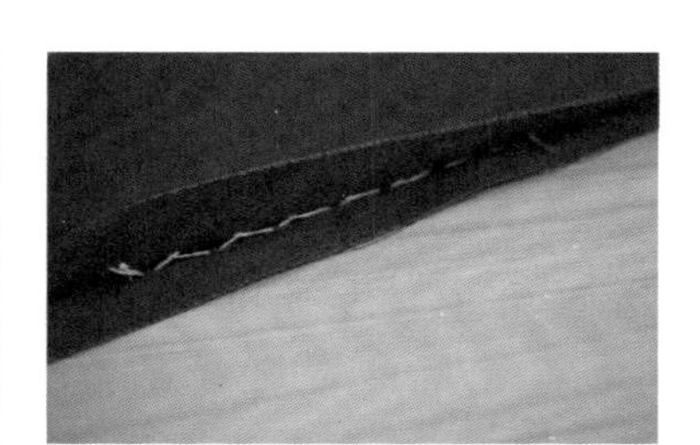
拱针法细节

2.6

绗针法

绗针法多用于多层布料特别是有夹层的纺织物的固定，比如被褥、棉袄等。使用该针法一般会选择较长的手缝针以及更耐用的缝纫线。

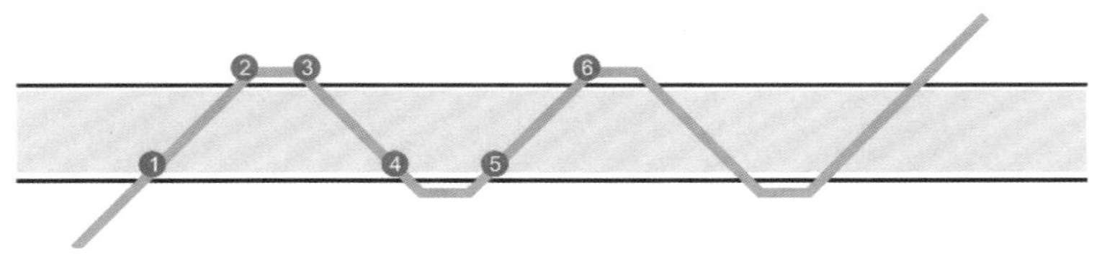

绗针法示意图

绗针法正面

绗针法背面

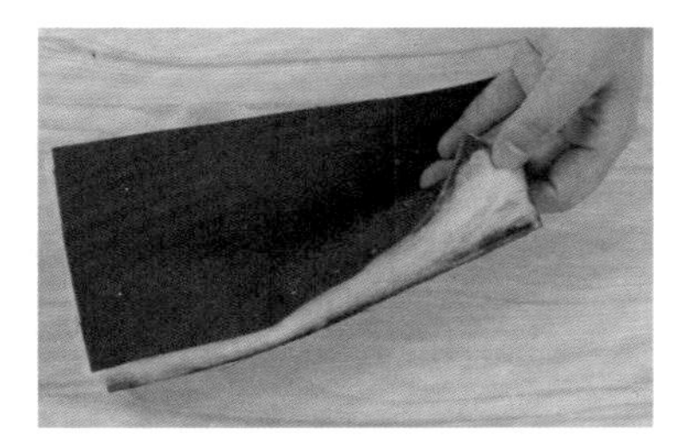
绗针法细节

缝纫常用的基础工具

缝纫的时候，除了会用到缝纫机、锁边机等机器之外，一些小工具也会给我们带来很多方便，当你真的认识它们、利用好它们的时候，缝纫真的会轻松许多。下面我们就来看看这些可爱的小工具吧。

3.1

裁剪工具

裁布剪刀

裁布剪刀分不同大小、型号，可用于裁剪布料。我们在使用时要注意保持它的锋利，这样裁剪布料的时候才能更顺滑。

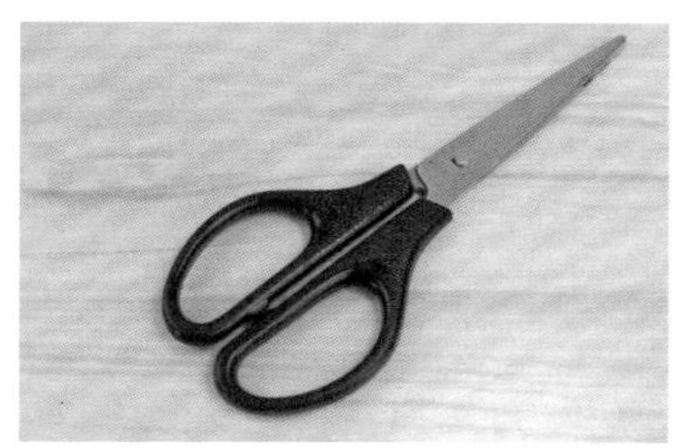

裁纸剪刀

除裁剪布料外，我们还会裁剪纸样等东西，这时就要把裁布剪刀和裁纸剪刀区分开来，因为用裁布剪刀裁剪其他物品会很快弄钝剪刀，但裁布剪刀退下来后就可以作为裁纸剪刀使用。

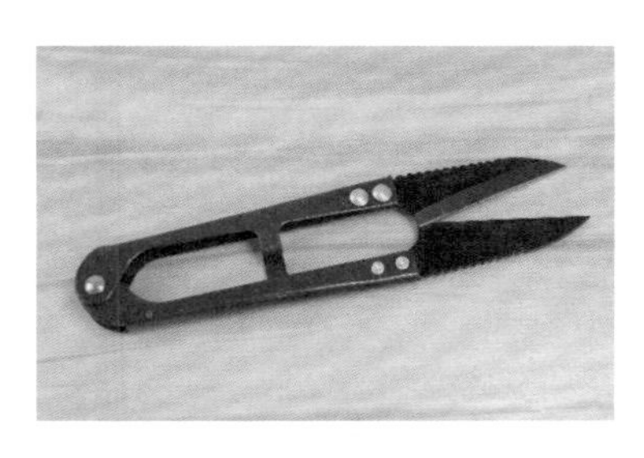

纱剪

纱剪呈 U 形，结构轻巧，使用方便，主要用于修剪毛边、小线头等细节操作。

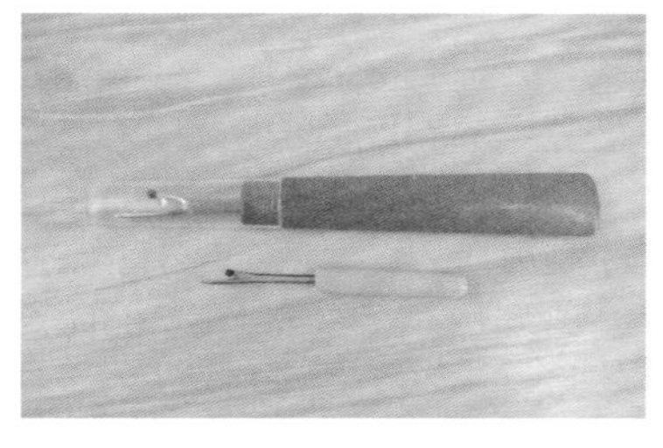

拆线器

缝纫的过程中难免会做错，如果用剪刀一针一针拆线是非常让人头痛的，这个时候就可以用拆线器来辅助拆除做错的部分。拆线器的弯处就是刀刃，将尖头插入线里之后，只要往前一推，刀刃就会将缝错的线拆开，之后将线头清理掉就可以了，使用十分方便。

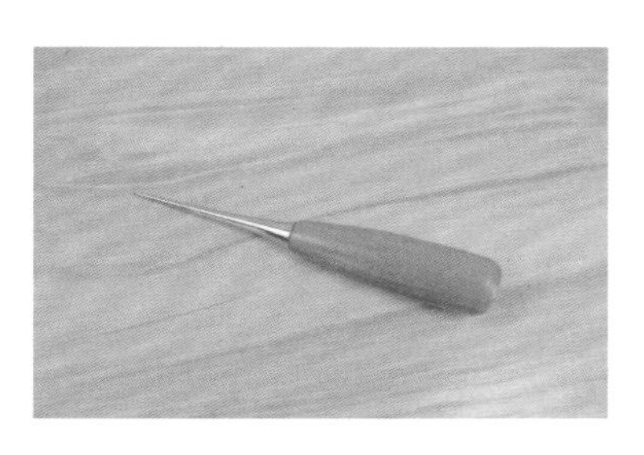

锥子

锥子的作用很多，除了可以用来打洞之外，还可以用来挑领尖、挑衣摆，开口袋的角和打孔做记号等，也可以在缝纫机工作时压住和辅助推送布料。

3.2

描线工具 / 记号工具

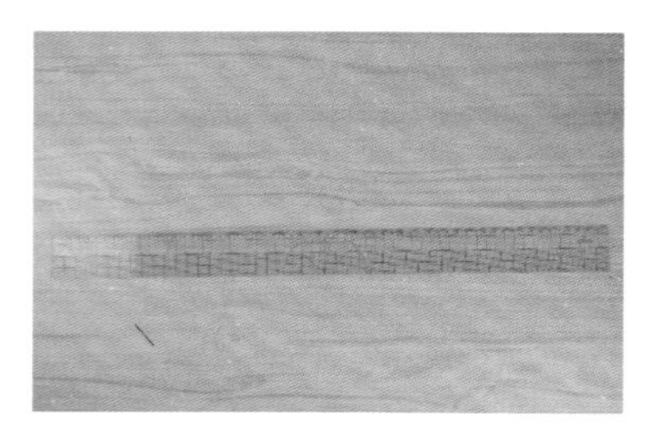

打版尺

制版过程中画直线和画直角的时候可以使用打版尺。由于塑料的韧性，打版尺在弯曲后也可以用于画弧线。

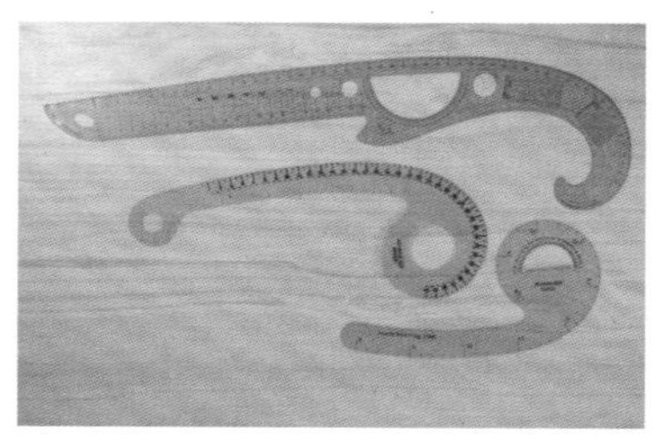

曲线尺

打版或做记号时，曲线尺可用于画各种弧线。

软尺 / 皮尺

在量人体或者立体裁剪时可用于量人台，也可用于量布料或用在其他任何有弧线测量需求的地方。

画粉

画粉适用于在服装布料上打样、做记号，它有不同的颜色。

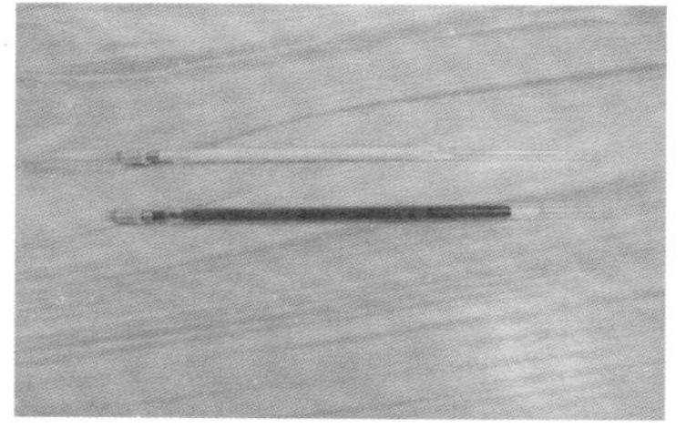

高温气消笔

其用处和画粉一样，可用于在布料上做记号。高温气消笔的笔迹一般在温度达到60℃时就会消失，所以一般用熨斗一烫笔迹就不见了。类似的还有水消笔，即一遇水笔迹就会消失。

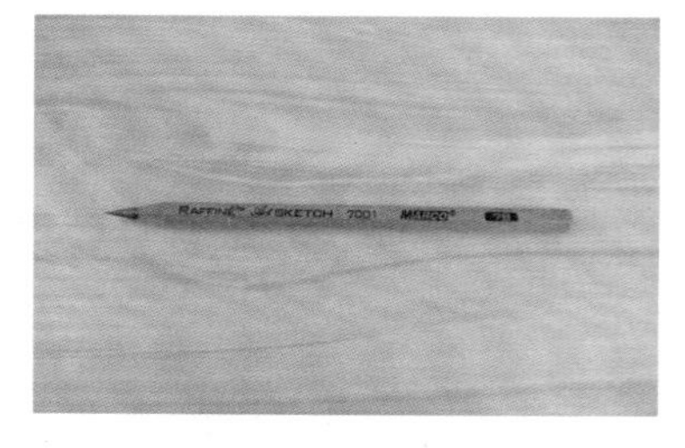

铅笔

在手工打版或记录的时候，准备一支铅笔也是不错的选择。

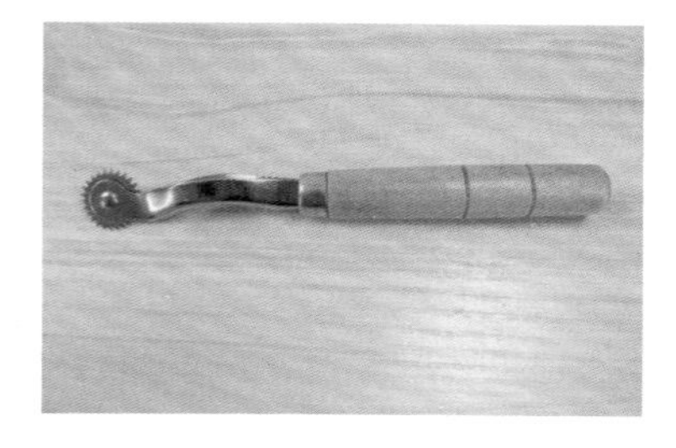

描线器

描线器又叫划布轮，可用于给各种布料、皮革、纸样等划线。描线器更多地用在手工打版的时候，在复制图纸和对位记号点时它也是非常好用的工具。

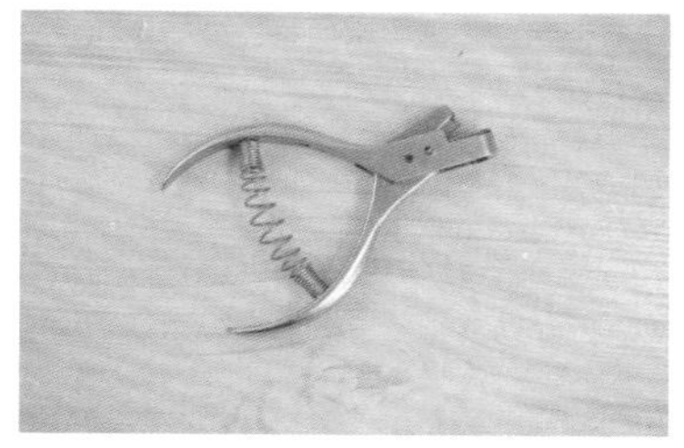

剪口器

剪口器可用于手工打版时在纸样上打剪口，同时也可用于给其他包装开口。

3.3

固定工具

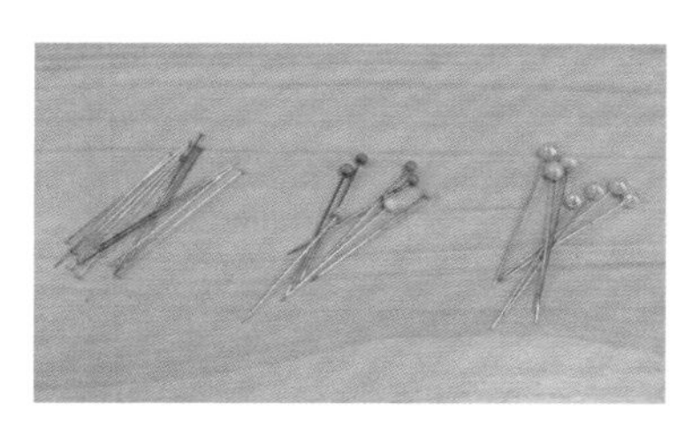

珠针

珠针即各种形式的大头针，我们应选择针细、头尖、不生锈材质的大头针，主要用于缝纫和立体裁剪。

夹子

夹子有大有小，和珠针一样起固定布料的作用。冬季较厚的布料用珠针固定不住的时候，一般就可以使用夹子固定。

一些重物

图中是一个砚台，起同样作用的还有压布铁等。裁剪布料的时候，将这类重物放上去，可以起到避免布料滑动移位的作用。

3.4

其他工具

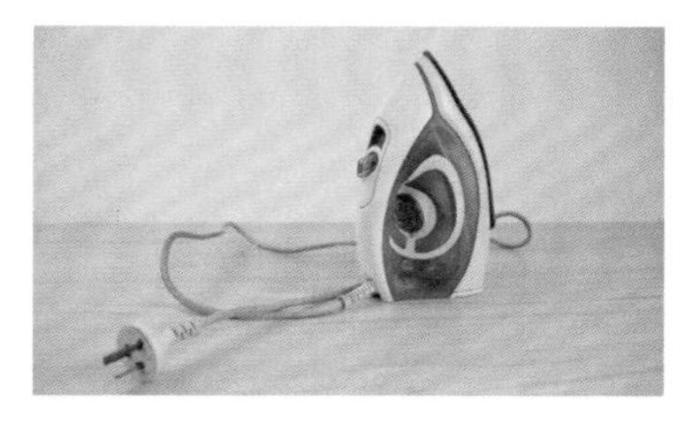

熨斗

熨烫是缝纫工序中一个很重要的部分，定型熨烫基本贯穿整个缝制过程，它减少了缝制的难度，提高了成品的质量。熨斗一般能使用很长时间，基本超过 10 年，所以强烈建议大家使用。

镊子

镊子可用于挑布、夹布、给机针穿线等，还可以用来辅助缝纫。我们在缝制过程中，可用镊子按住布料并把布料往前推送。

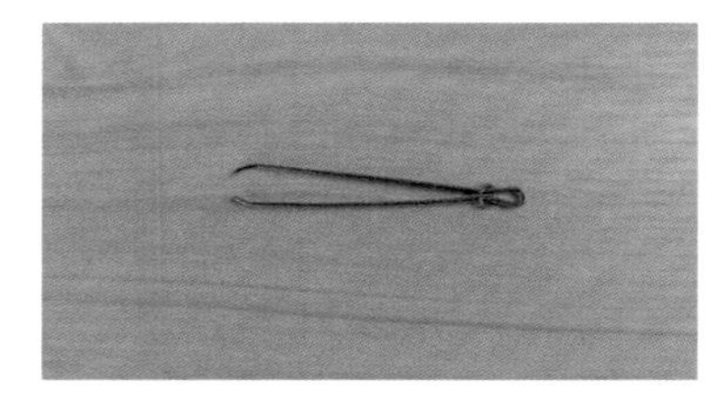

穿带器

穿带器一般用于穿松紧带，先用牙齿的一头夹住松紧带，把穿带器上的小圈移过去紧紧扣住，然后另一头带着整个橡筋穿过裤头等地方，这样整个橡筋就穿进去了。

具体使用案例可以参见本书 7.7 节“上橡筋的方法”。

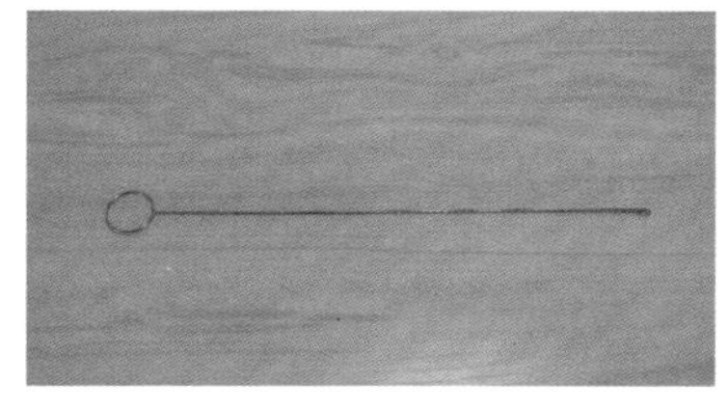

翻带器

翻带器是一个长钩针，一头的钩子可将布料紧紧勾住，并将整个布料里外翻过来，也可以协助穿细线或细皮筋。

具体使用案例可以参见本书 7.5 节“肩带的制作”。

针包

针包又名针插，可用于收纳大头针和手缝针。

布料及图案的选择与使用

服装最重要的组成部分就是布料，原料和织法不同，布料的纹理、密度、质量、手感和弹性等方面也会有很大的不同。我们在缝制一件服装之前，根据服装的特点选择正确的布料是非常重要的一步。同时布料上的图案也是一种独特的装饰，虽然它基本上是一些元素或图案的重复，但不同风格、不同排列方式的图案有时候甚至会让一件服装呈现出另一种效果。

所以我们在缝制服装之前，稍稍了解布料的种类、图案在布料上的排列构成和布料的识别与处理，是一件非常必要的事情。

4.1

针织物和梭织物

根据纱线在织物中的不同形态，布料基本上可以分为针织物和梭织物两大类。

针织物的基本单元是线圈，是将线勾成一个个线圈，然后相互串套形成的一种布料。针织物根据织法的不同，可以分为经编织物和纬编织物两大类。

由于织法、结构的不同，经编织物与纬编织物相比，经编织物的延伸性较差，常用作衬衫、裙子的布料；而纬编织物具有良好的延伸性，就好比织毛衣、织围巾，就是用棒针将线圈一个一个地串套上去。这种线圈结构使针织物的透气性好、手感松软，同时线圈在水平和垂直方向上的弹性较大，线衣、内衣、袜子和手套等衣物多具有线圈结构，因此这类衣物穿上身会比较舒适。

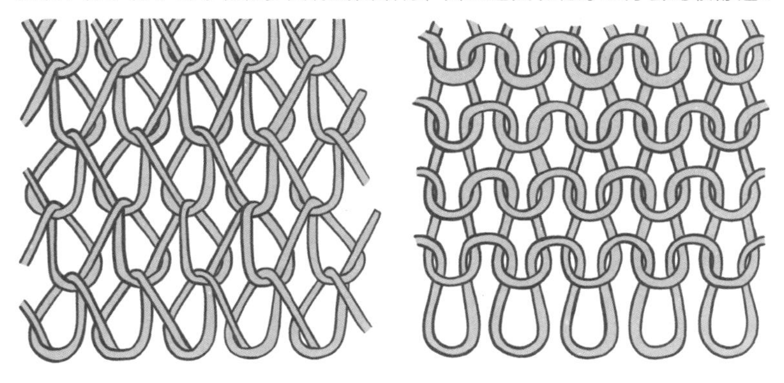

经编织物　　纬编织物

针织物

梭织物是经纱和纬纱交错组成的一种布料。它有点像编竹席，横向的线和竖向的线相交且互相交错。这种结构会增加布料的稳定性，布料会比较紧密，也比较坚固耐磨。梭织物通常被用来做衬衫、牛仔裤和外套等。

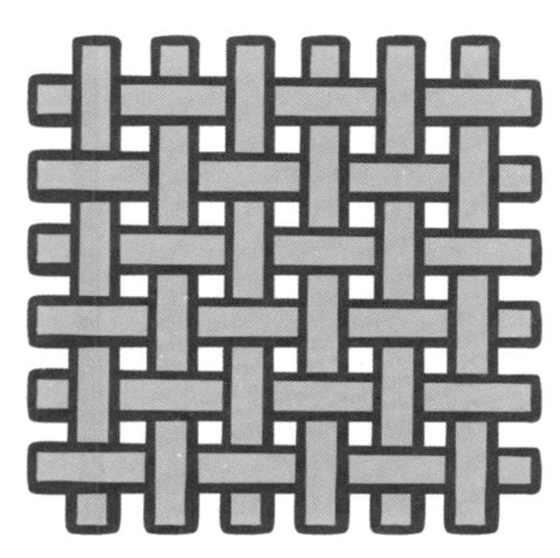

梭织物

4.2

布料的种类

根据不同的原料、不同的工艺所生产出来的布料各种各样，每种布料都有自己的特点，我们在挑选时不光要看布料的颜色、图案、厚薄，也要从材质、弹性、软硬、纹路等方面来选择符合我们需求的布料。

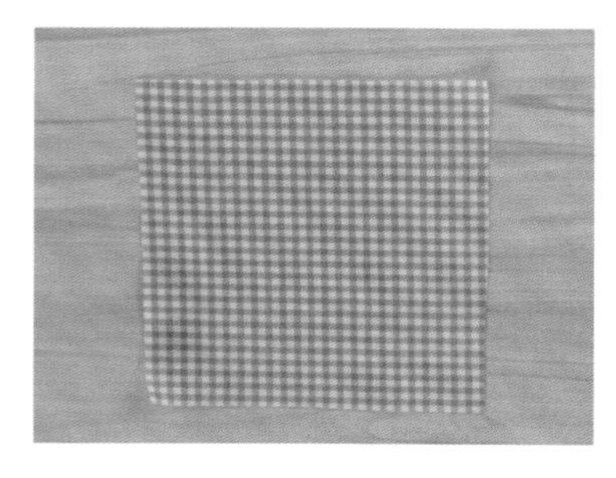

纯棉印花布

纯棉印花布吸汗透气、不易起球、柔软舒适、容易清洗。但是它容易起皱、会缩水，所以使用之前都要先过水。

提花棉

提花棉也叫“棉提花”，其纹路是织出来的，而印花棉的图案则是印上去的。提花棉的特点是非常柔软、透气性好。

纯棉白胚布

纯棉白胚布是指没有经过印染的布料，它不一定是纯白色的。纯棉白胚布相比印染过的布料要便宜一些，通常可以买来试做样衣或在做立体裁剪时使用。

化纤白胚布

它的作用和纯棉白胚布一样，不过它的成分主要是化学纤维。

化纤防水布

这种布料的防水性好，适用于制作户外运动、休闲旅游的外套等服装。

色丁布

色丁布通常有一面是光滑的，光泽度好。其原料有棉、化纤或是混纺的，主要用于制作女装、睡衣或内衣。

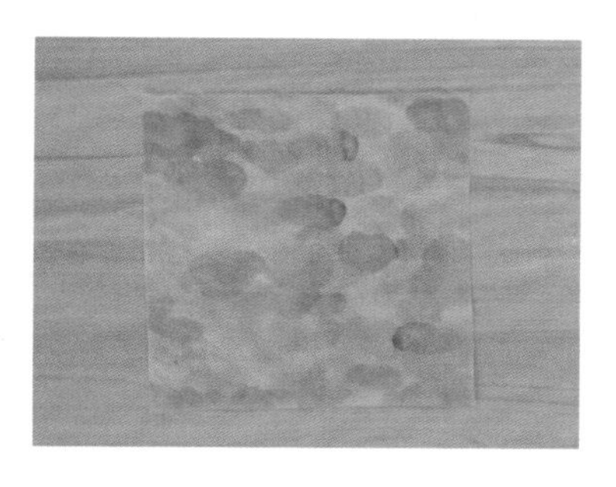

苎麻布

苎麻布是用苎麻纱织出的布，其吸湿透气性比棉还好，并且具有抑菌、防螨、防霉等功效。

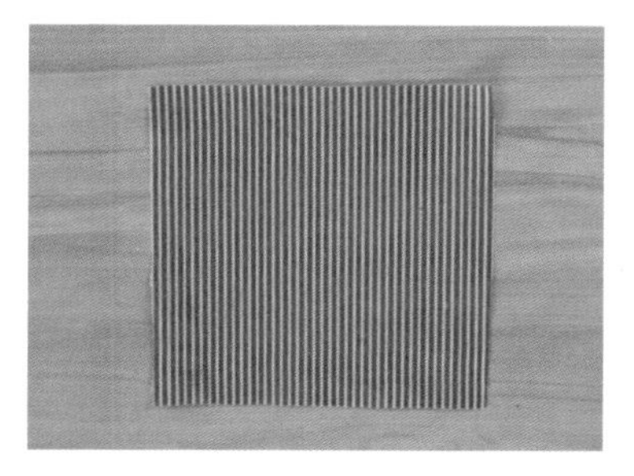

梭织牛仔布

牛仔布是一种粗斜纹棉布，有吸湿透气的特性，同时粗糙耐磨，所以也叫“靛蓝劳动布”。

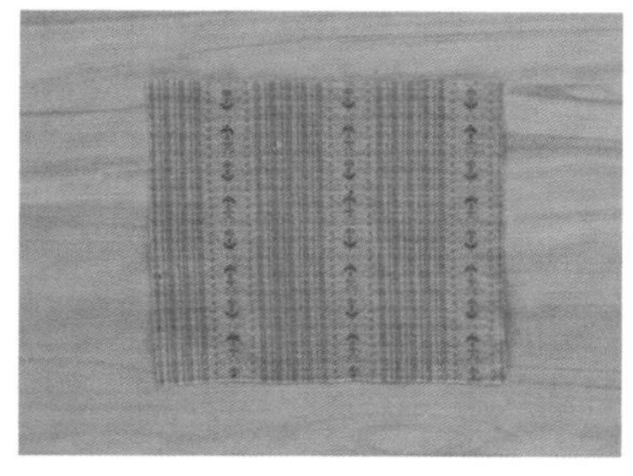

先染布

先染布也叫色织布，就是先将纱线染好色，然后再织成布。它的色彩丰富、立体感强、色牢度高。

绒布

绒布是一种柔软且带有绒面的布料，成分以化学纤维为主，舒适且保暖性好，适用于制作冬季服装。

呢料

呢料是一种较厚较密的布料，挺括又时尚，整体上手感比较硬，通常用来制作秋冬制服和大衣等。

蕾丝

蕾丝是一种镂空花纹的布料，成分有化学纤维的也有棉的，可以用作装饰搭配，也可以用来制作裙子和内衣等。

雪纺

雪纺是一种轻薄且柔软的布料，分为真丝雪纺和仿真丝雪纺。它舒适透气、悬垂性好，可加入印花、绣花和烫金等工艺，常常用来制作女装和汉服类服装。

网纱

网纱是一种密度小的平纹织物，可作为布料或辅料使用，比如用来制作纱裙的外层。

罗纹布

罗纹布是由一根纱线依次在正面和反面形成线圈纵行的针织物，它具有较大的弹性，所以经常用于制作 T 恤的领边、袖口等地方，有很好的收身效果。

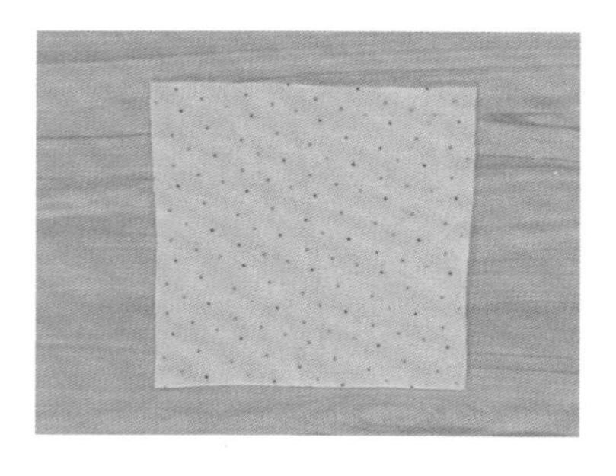

棉毛布

棉毛布也叫双罗纹布，是由两个罗纹组织复合而成的，两面都是正面线圈，所以又叫双面布。它厚实、柔软、保暖性好，可用于制作各种衣物。

汗布

汗布是一种薄型针织物，有较好的延伸性，吸湿性和透气性较好，通常用于制作贴身衣物。

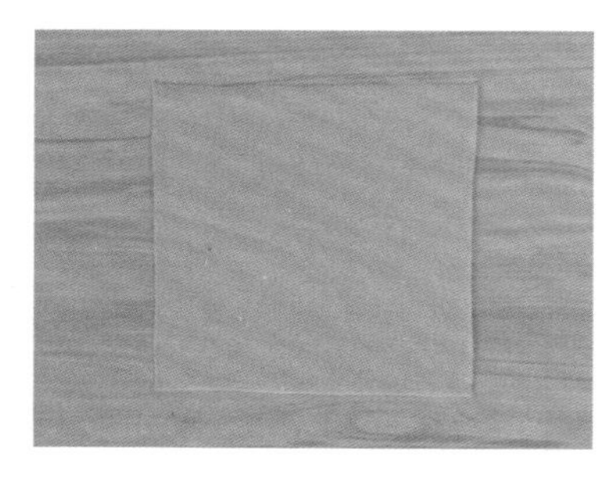

竹棉

竹棉通常由竹纤维和棉混纺而成，它吸湿透气、手感柔软、抗菌性好，可用于制作各类服装和床上用品。

莱卡布料

莱卡是一种人造弹性纤维，拉伸到 500% 后仍能恢复原样，弹性好、不易变形是它最大的优点。它的适用范围很广，任何布料都可以通过加入莱卡来增加弹性。

鱼鳞布

鱼鳞布也叫毛圈布或卫衣布，因为其表面呈鱼鳞状而得名。它有一定的保暖效果，通常用来制作春秋卫衣。

针织牛仔布

针织牛仔布是用针织的方法做出来的牛仔布，跟普通的梭织牛仔布相比，其弹性更好、更柔软，也更舒适。

4.3

学会判断布料的正反及布纹线的方向

我们可以直接从布边、印花、绒毛、纹路等地方非常容易地判断出大部分布料的正反及布纹线的方向，如果遇到不好分辨的，可以咨询布料商家。

◆ 判断布料的正反

通过布边的信息进行判断。一些布料的布边标注有商家或产地等信息，有这些信息的即为正面，另一面则为反面。

布边有产地信息

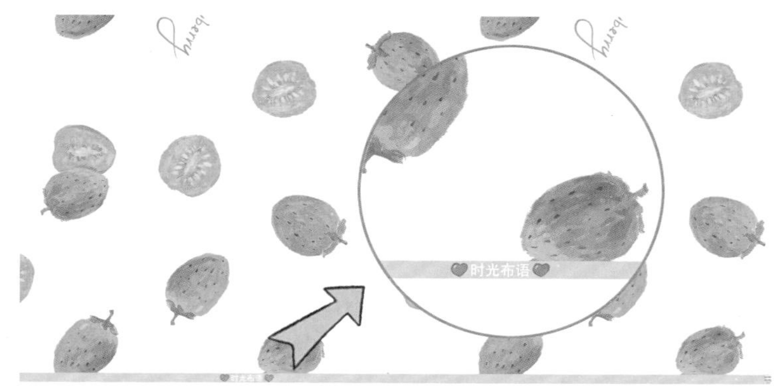

布边有商家标注

通过印花图案进行判断。印花布的正反面较明显，清晰亮丽的一面即为正面，另一面则为反面。此方法同样适用于判断提花布等布料的正反面，其正面的花纹不但明显，而且更加清晰好看。

通过绒毛进行判断。一些有绒毛（如羊羔绒、骆驼绒等）的布料，有绒毛的一面为正面，另一面为反面。

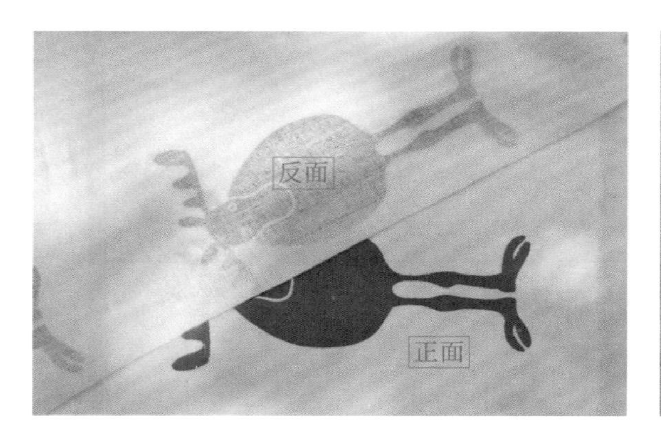

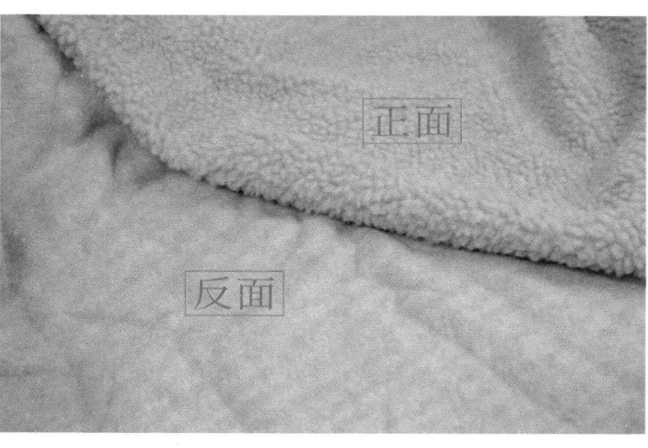

通过纹路进行判断。大部分布料的正面纹路清晰、明显，反面纹路模糊或纹路平整。如果布料做过磨毛处理，则有绒感强的一面为正面，另一面为反面。

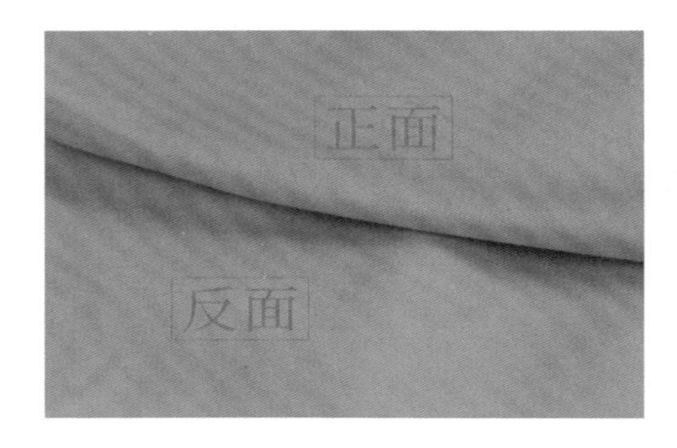

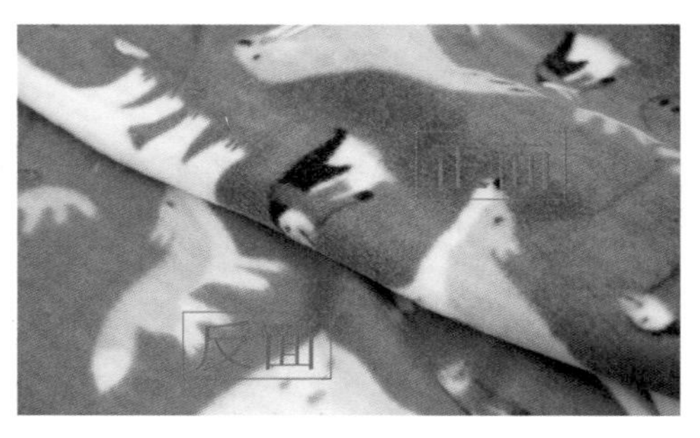

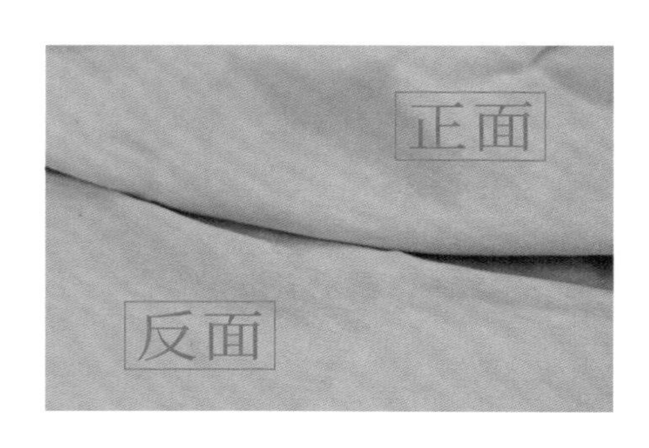

无法判断时选择美观的一面为正面。一些布料的正反面没有明显的分别，选择哪面为正面都可以，一般选择自己觉得更美观的一面即可。不过裁剪之前最好做好标记，确保做服装时不会“正反混用”。

◆ 判断布纹线的方向

布边：布料的两端，不易脱线，一般不会有印花，可用作缝份边。

幅宽：布料的横向宽度，即两端布边之间的距离。

竖纹：布料的经纱方向，具有不易拉伸的性质。

横纹：布料的纬纱方向，比竖纹易拉伸。

斜纹：与经纱、纬纱成45°的方向，伸缩性最好，一般被裁成带状做包边条使用。

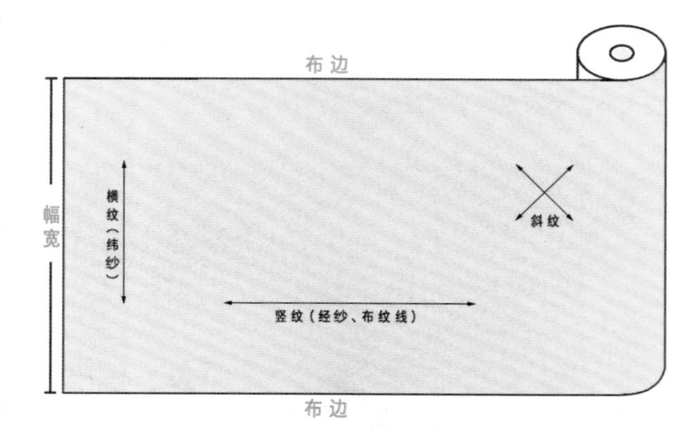

因为竖纹具有不易拉伸的性质，所以裁剪布料时尽量按照竖纹裁剪，这样可以避免做出来的服装走形。竖纹也就是通常所说的布纹线的方向，在使用纸样时，使纸样上的布纹线与竖纹 / 布边平行再裁剪衣片即可。

4.4

布料印花常见的排列方式

◆ 二方连续与四方连续

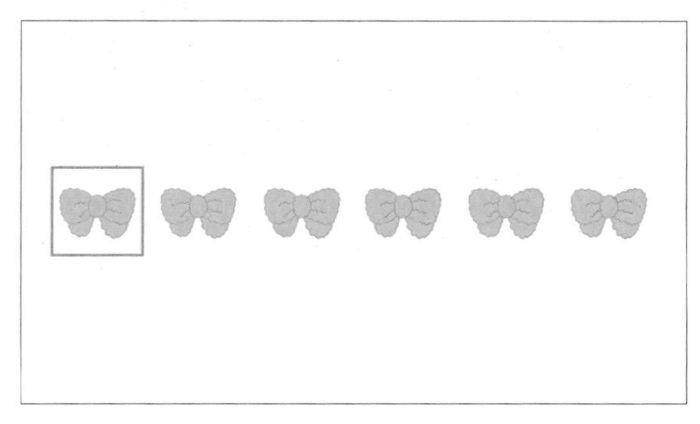

二方连续又叫“带状图案”，是由一个图案或几个图案向上下或左右两个方向反复连续排列而形成的纹样。

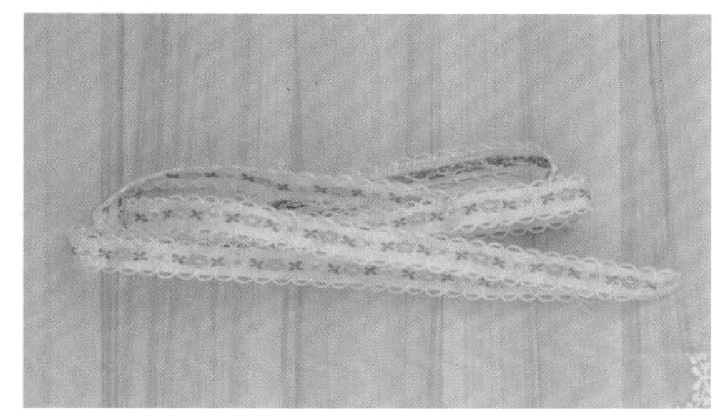

二方连续应用广泛，比如装饰用的织带图案就采用了二方连续的排列方式。

四方连续是由一个图案或几个图案向上下左右 4 个方向反复连续排列而形成的纹样。

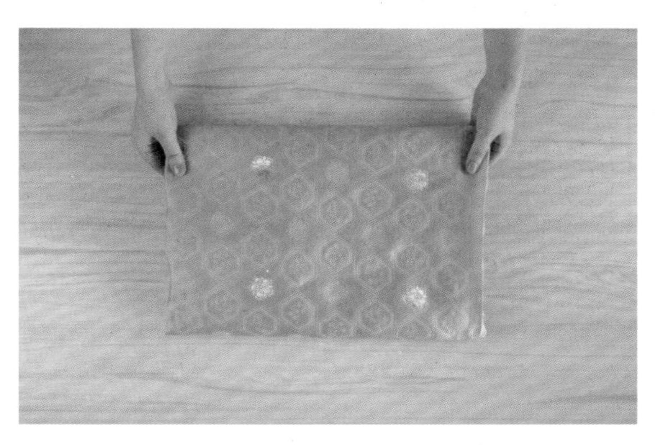

布料上的四方连续图案一般以一个组合的图案为单位，向四周重复连续拼接和延展，形成一种连绵不断的感觉。

◆ 单边定位花与双边定位花

对于满铺图案的布料而言，图案会铺满布料的每个地方，定位花则是指图案定位在布料的某个地方，毕竟很多图案是专门为服装的某个部位设计的。比如，某个花纹专门用于胸口或袖口，它在设计的时候就会设计到对应的裁片上。不过，我们所讲的定位花主要用于裙摆、衣摆，这类带有定位花的布料在市面上还是比较常见的。

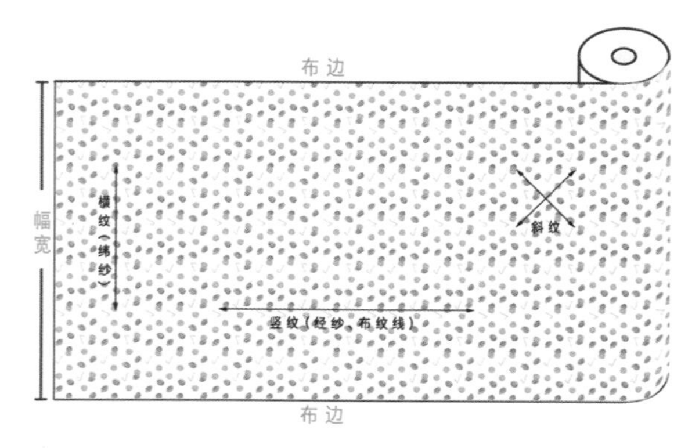

满印花布料，裁剪时我们只要注意布纹线就可以了。

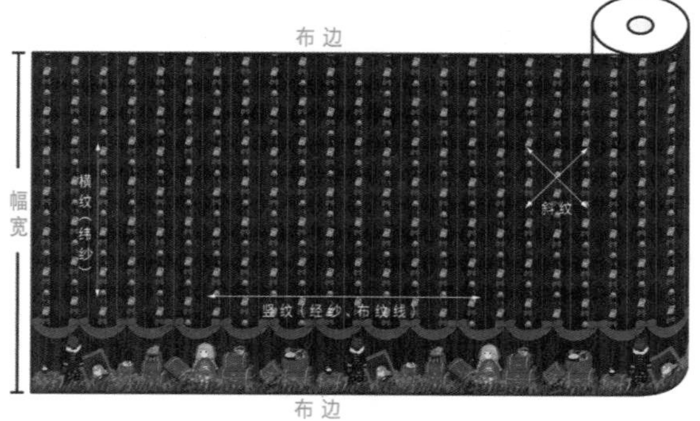

横向单边定位花，这种定位花经常会用来做裙子，这时一定要注意把花纹部分放在裙摆的位置上。窗帘布也经常会采用这类图案设计。

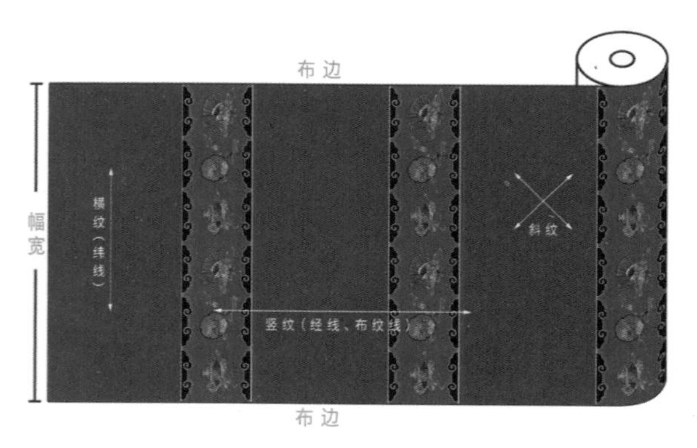

纵向单边定位花，其花纹是按纵向摆放的，这类图案的布料经常用来做裙子，特别是马面裙的布料基本上都采用了这个设计。床单布料也经常采用这种定位花排列方式。

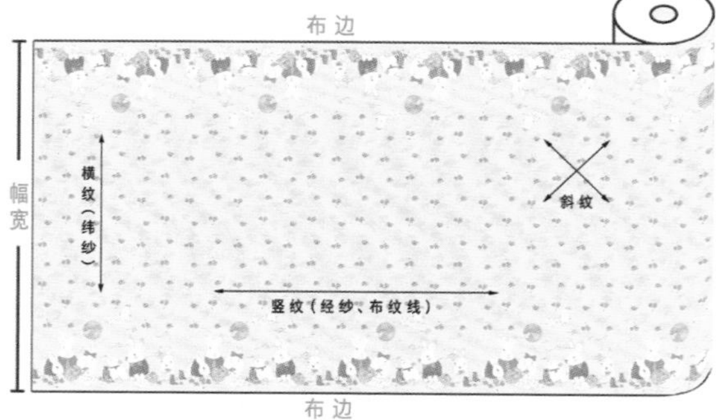

横向双边定位花和横向单边定位花差不多，也常用来做裙子，特别是常用来做洛丽塔裙子，这么设计是为了使两侧的花纹都可以用来做裙摆，从而能节省布料。比如 1.2 米的这类布料就可以做 2.4 米的裙摆，而中间的布料还可以用来做吊带裙的上身部分，每一块布料都能被充分利用。

结合 4.3 节关于布纹线的知识，我们知道，对于横向单边 / 双边定位花，在裁布的时候，为了保证定位花在裙摆的位置上，就必然不能使衣片的布纹线和竖纹 / 布边平行，此时应当按布料的实际情况裁剪衣片，并且一件作品中一定要保证衣片的布纹线一致，不要混用横纹和竖纹衣片。

详细情况参见本书 5.3 节“布料的排料与裁剪”。

布料的整理与裁剪

我们不仅要根据不同的服装来选择不同材质的布料，还必须在缝制服装之前对布料进行整理和正确的裁剪，这样才能确保最终的服装不会变形。

5.1

布料的整理

布料在经过多次搬运、裁剪、折叠之后，才会被我们购买，这时我们拿到的布料，很可能已经发生了变形。比如我们在购买布料的时候，店家会在布料上先剪一个小口，然后沿这个小口直接将布料撕下来，这个动作就有可能让布料因为拉扯而变形。所以我们在使用布料前一定要对布料进行整理。

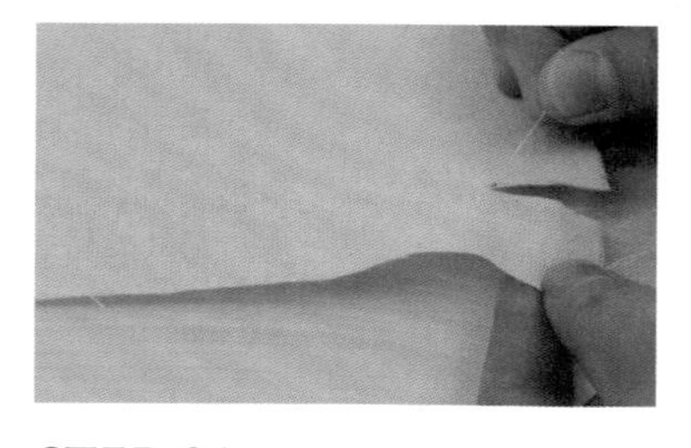

STEP 01

先将布边剪出一个小口，然后从里面抽出一根纬线（也就是垂直于布边的线）。

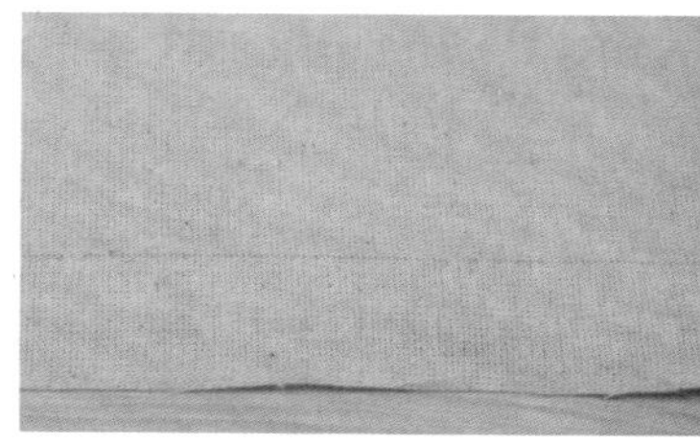

STEP 02

这时布料中有一条纬线镂空的痕迹。

STEP 03

沿着这条空出的纬线，裁剪掉松散的布头。

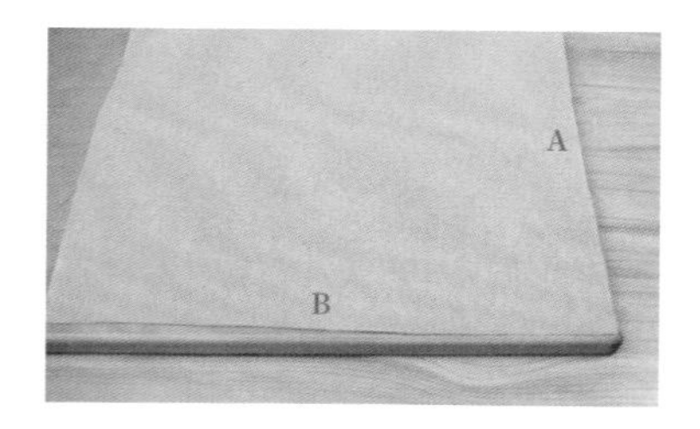

STEP 04

将A边（经线）与右板边对齐，如果B边（纬线）并不与下板边对齐，此时我们可以确定调整的方向。

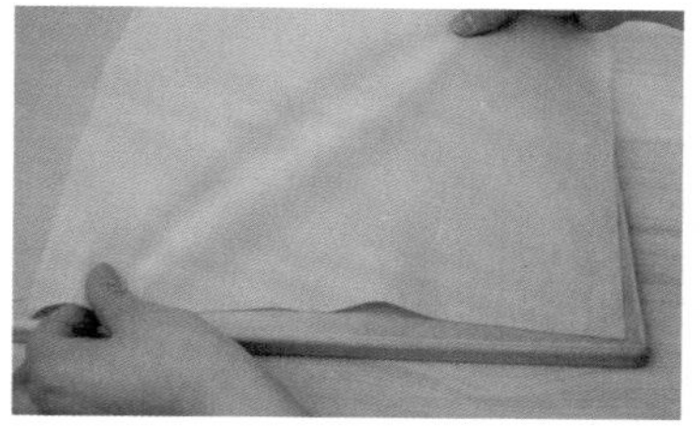

STEP 05

手动将布料拉伸到经线与纬线相垂直的状态。

Tips

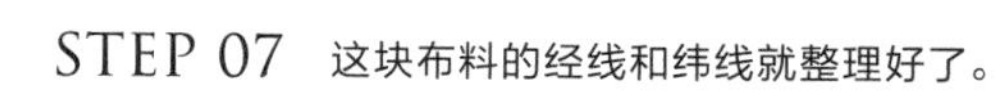
可先喷点水雾湿润布料。

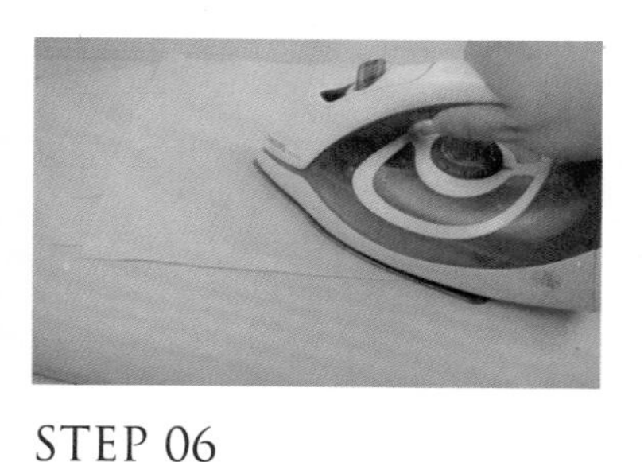

STEP 06

当经线与纬线垂直后，把布料放到熨烫板上，将其熨烫平整。

STEP 07 这块布料的经线和纬线就整理好了。

Tips

天然纤维，比如棉麻的缩水率为5%甚至8%以上，即使是化学纤维，有的也会有3%左右的缩水率，所以最好在对布料进行整理之前就先过一遍水。对会缩水的里布也应进行同样的处理，如果面布不缩水或已经过水，而里布没有过水，可能会导致布料在第一次洗涤之后，由于里布缩水而使整个面布都皱起来。如果担心掉色，可以先剪下一块布头泡在水中试一下。

5.2

学会看懂服装纸样

我们会通过纸样裁剪出服装或小物的衣片。纸样上的符号都有各自的含义，我们需要读懂这些符号所代表的含义，才能确保通过纸样裁剪出的衣片是正确的。下面我们就来学习几种常见的纸样符号。

纸样对折后再裁剪，连裁时也适用	纱向、毛向、双箭头方向表示经纱方向，单箭头方向表示毛向	抽褶
单褶 斜线方向代表折叠方向	对褶	纽扣眼
纽扣（或钻孔）位置	缝份	×1 裁片份数

上 1 这是一个双层半圆符号，表示纸样只做一半，裁布的时候需要先沿对折线将布料对折，然后按照纸样裁布。这时候裁出来的布料是完整的，这样做是为了方便裁剪，裁剪一边即能达到同时裁剪了对称的另一边的目的，与对称剪纸是同一个原理。

①将布对折

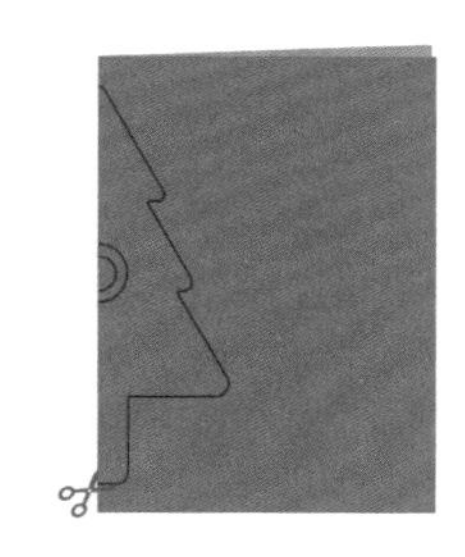

②将有双层半圆符号的纸样放上去，半圆符号贴在对折线处，然后按纸样裁剪

③展开后

半圆符号对折裁剪原理

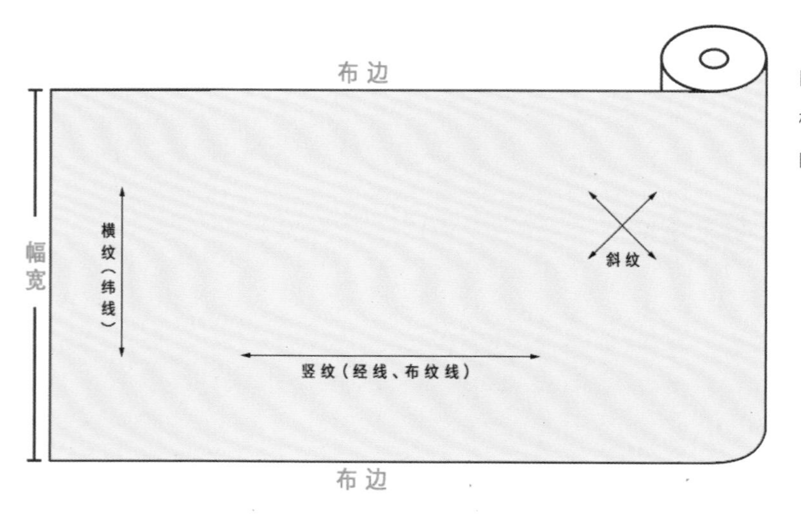

纸样上的布纹线尽量与竖纹 / 布边平行

上 2 这个符号是指布纹线的方向，裁布的时候我们要尽量遵循纸样上的布纹线和竖纹 / 布边平行的策略，这样做出来的衣服不易变形。

上 3 抽褶符号，一般出现在需要将一片布料缩短到和另一片布料长度相等，再进行拼接的地方。比如裙片的腰部抽褶与上衣片相接的部分，或泡泡袖等袖型处，都会出现这个符号。我们可以手动抽褶或使用压脚抽褶，具体操作方法见 7.1 节“抽褶的方法”。

中 1 和中 2 打褶符号，按照纸样上标记的线条，使斜线上侧的一条直线和斜线下侧的另一条直线重合，即可完成打褶。具体操作方法见 7.6 节“顺褶与工字褶”。

中 3 和下 1 纽扣眼和纽扣（或钻孔）位置，做衣服通常都会遇到使用纽扣的时候，在相应的位置锁扣眼并钉好纽扣即可。

下 2 缝份是预留给缝纫机走线的距离，裙摆、袖口等地方需要收边缝份，一般会留得宽一些，具体可以根据纸样上的标示进行处理。

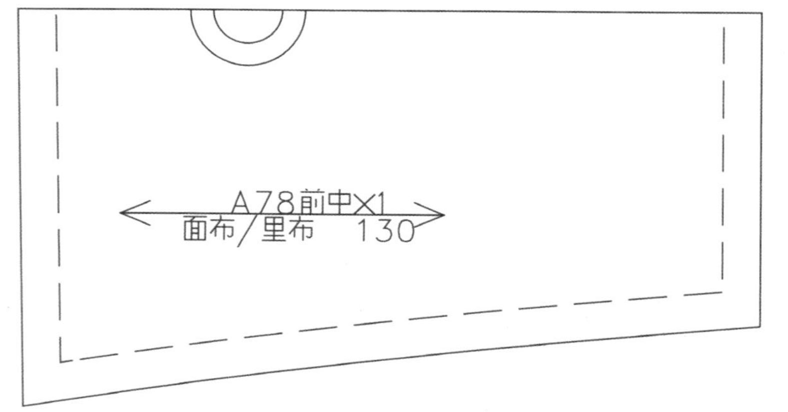

缝份和净缝线

左图中的虚线就是净缝线，也就是缝纫机走线的路径，它与外轮廓线之间的距离就是缝份。但无论是虚线还是实线，里面的那条线就是净缝线。有时纸样只有一个轮廓，也就是说它只有净缝线，这时我们就需要在它的外围按实际情况确定出缝份。

下 3 裁片份数，也就是通过纸样裁出来的衣片的份数。人体基本是左右对称的，所以如果纸样上标记的是偶数片，通常是指需要裁出的布料应是左右对称且左右片数相等的。如果纸样上标记的是“×2”，则我们应将两片布料正面相对或反面相对重叠，然后将纸样放上去裁剪布料，这样裁剪出来的就是两片对称的布料了。

5.3

布料的排料与裁剪

◆ 布料的排料

排料是指在裁剪布料前，先将纸样放在预先准备好的布料上，按照布料的幅宽和印花做出科学的排列，达到最大化利用布料的目的，同时也能满足使某些印花呈现在特定部位的需求。

左图中，想要在胸口部分呈现这个印花，我们就要先规划好这个衣片在布料上的位置。

Tips

以下排料所画纸样只表示排料方向，不代表实际比例。

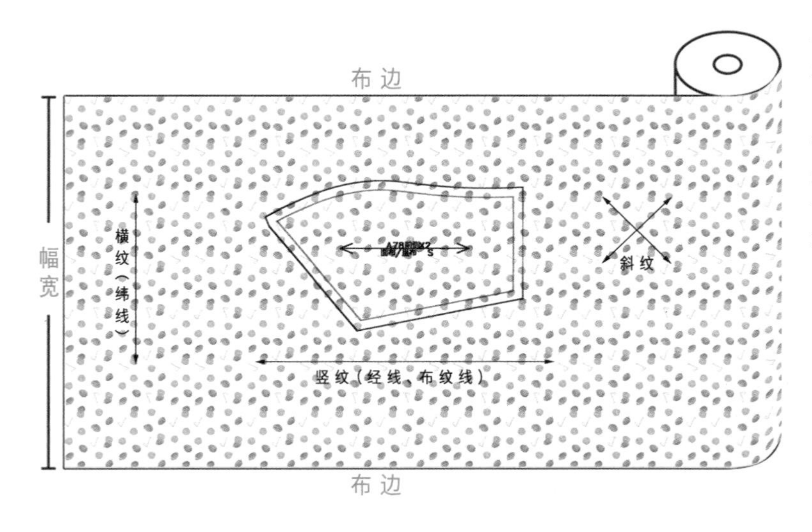

一般布料排料时，使纸样布纹线与竖纹/布边平行即可。

由于竖纹具有不易拉伸的性质，所以裁剪布料时应尽量按照竖纹裁剪，这样可以避免做出来的服装走形。对于满印花布料而言，我们只要使纸样上的布纹线与竖纹/布边平行就行。

当我们使用主体印花在布边的单边定位花或双边定位花时，由于要将布边的印花放在裙摆上，所以裙片的布纹线会和竖纹 / 布边垂直。由于服装的主体衣片都需要保持布纹线的方向一致（否则会出现不同衣片的经纱和纬纱方向混乱的情况），所以遇到这类单边定位花或双边定位花的情况时，我们应保证主体衣片的布纹线和竖纹 / 布边垂直。

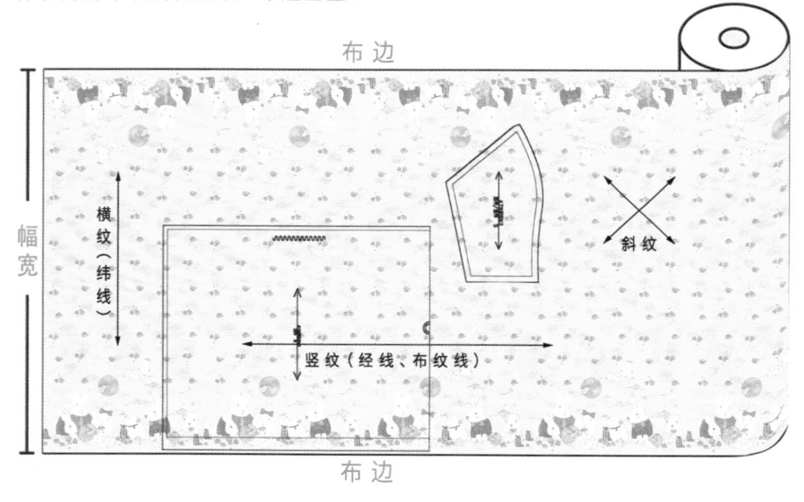

Tips

对于小物（如蝴蝶结）而言，我们不需要强制其和主体衣片的布纹线的方向一致，随机应变即可。

我们有时会遇到纵向单边定位花，比如在购买马面裙布料时，它的主体印花是纵向摆放的，这么设计既能满足布纹线与竖纹 / 布边平行的要求，又能满足将印花放在裙摆上的需求。在这种情况下，我们只要使纸样上的布纹线与竖纹 / 布边平行即可。

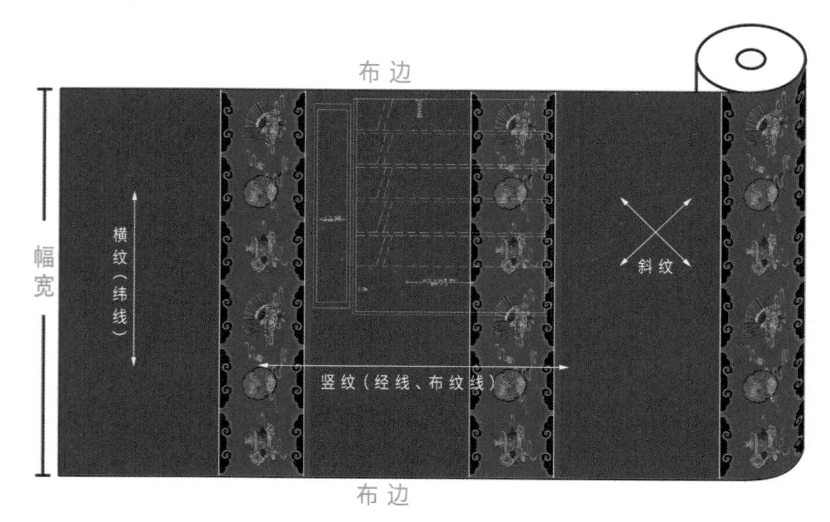

◆ 布料的裁剪

将布料整理平整，确定好衣片方向和位置，对正图案之后，我们就可以进行裁剪工作了。

水消笔

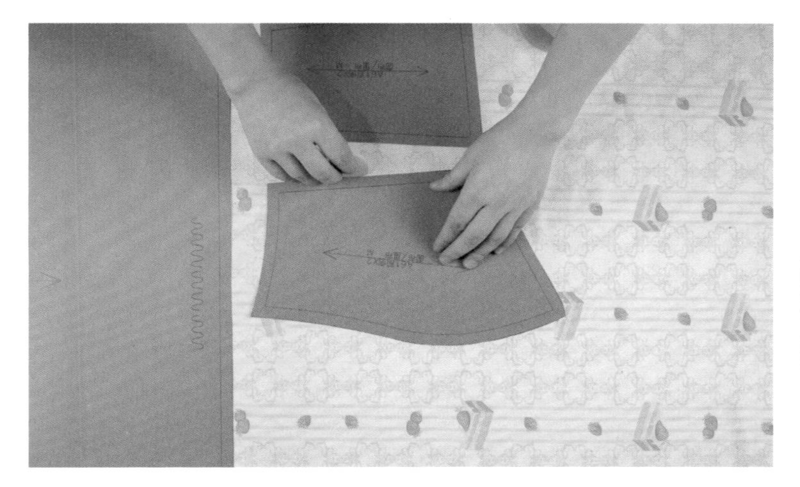

画粉

我们可以先用水消笔 / 画粉等记号工具将纸样的轮廓复制到布料上。

Tips

水消笔和画粉的笔迹过水就会消失，高温气消笔的笔迹用熨斗熨一下也会消失。

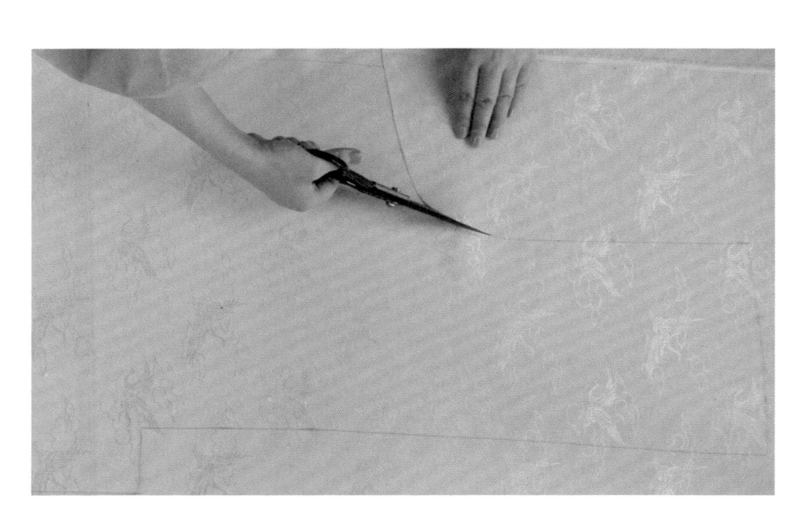

沿画出的轮廓线裁出衣片

5.4

打线钉

打线钉就是用线在布料上面做记号。做记号的方法有很多，包括使用画粉、水消笔、描线器等，当这些都行不通的时候，我们可以选择用线来标记。

比如在做马面裙的时候，很难把褶子的线画到布料上，这时候我们就可以先用线沿纸样上的褶线把纸样和布料缝在一起，再将线的中间剪断。

然后慢慢拿走纸样，这样纸样上的褶就通过打线钉的方式标记到了布料上。

5.5 基于服装款式的简单用料估算

我们在排料时可以知道具体的布料用量，但如果还没有购买布料，就可以通过服装的衣长、袖长、裙长、裤长等数据简单地估算一下大概的用量，因为市面上 150 幅宽的布料较多，所以这里以 150 幅宽为例。如果是其他幅宽的布料，则需要具体问题具体分析。我们宁愿多买一点布料回来，也不要因少买了布料而导致在做的时候才发现布料不够。

服装种类	用料预估	服装种类	用料预估
T 恤	衣长 + 袖长 + 缝份	短袖衬衫	衣长 + 袖长 + 缝份
长袖衬衫	衣长 + 袖长 + 缝份	西装上衣	衣长 + 袖长 + 缝份
短裙	裙长 + 缝份	裤子	裤长 + 缝份
长裙	裙长 + 缝份	大衣	衣长 + 袖长 + 缝份

常用的缝型工艺

缝型又称缝式，是指一定数量的布片和线迹的形状、类型等在缝制过程中的配置方式。国际标准 ISO 4916 中罗列了针对各种缝料形态、缝针穿刺形式及线迹种类等的缝型。我们先来学习其中几种常用的缝型，这样在制作不同布料、不同款式、不同部位的服装时，我们就可以选择最合适的缝型工艺。

6.1

平缝

平缝是机缝中最基础、最简单、使用最广泛的一种缝型，它是指把两块布料重合放在一起，车一条线的缝纫方法。其操作方法如下。

STEP 01

将两块布料正面相对。

STEP 02

沿布边0.8～1cm的位置车一条线，车线要直，线与布边之间的距离要一致。

STEP 03

平缝完成后正面的效果，线迹和缝份都藏在反面了。

STEP 04

平缝的正面和反面效果对比。

6.2

劈压缝

劈压缝是指将两块缝在一起的布料反面的缝份劈开了再缝，是一种在平缝的基础上劈开布料后再缝线的方法，多用于薄料衣物的制作。劈压缝能减少缝份的厚度，并能起到装饰和平整布料的作用。其操作方法如下。

STEP 01

用平缝的方式车一条线。

STEP 02

平缝后正面的效果。

STEP 03

将反面的缝份向左右两侧劈开。

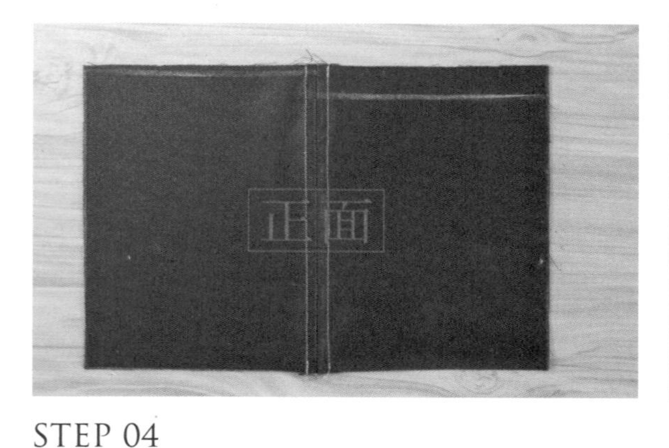

STEP 04

在正面缝份的左右两边大概0.5cm处各车一条线，压住反面的缝份。

STEP 05

劈压缝完成后反面的效果。

6.3

平搭缝

平搭缝是指将两块布料的布边叠在一起，然后在中间车一条线的缝纫方法。只要将两块布料布边的1cm左右叠在一起，再在中间车一条线就可以了。平搭缝多用于接袖口衬、腰衬等衬料部位，做好后会放在里面，缝份不会外漏，能起到减少拼接厚度的作用。其操作方法如下。

STEP 01

将两块布料的布边上下搭在一起。

STEP 02

在中间车一条线。

STEP 03

平搭缝的反面效果。

6.4

来去缝

来去缝是平时用得较多的一种缝型，因为它可以部分代替锁边机的功能，通过来回车两条线把缝份包在里面，充分地固定住毛边。我们在没有锁边机的情况下通常会用来去缝进行处理。其操作方法如下。

STEP 01

将两块布料反面相对，沿布边进行缝合。

STEP 02

裁剪掉多余的缝份，留下0.2~0.5cm的宽度即可，方便把这部分缝份包进去。

STEP 03

把布料翻过来，准备将刚刚裁剪好的缝份包在中间。

STEP 04

把刚刚裁剪好的缝份包在中间后，再在布边上车一条线。

STEP 05

这样我们就通过两次车线把第一次裁剪的缝份包在了里面，第二次的缝份和线迹都留在了反面一侧。

6.5

卷边缝

卷边缝是很常见的一种包边工艺，我们通常会在给裙摆、衣摆、裤脚和袖口收边的时候使用。它通过将布边向内折两次后再车线固定的方式，把毛边藏在了里面，同时也起到了美观的作用。其操作方法如下。

STEP 01

把布边向内折两次，通常这也叫三折边。

STEP 02

折好三折边后熨烫整齐，这样便于我们进行下一步操作。

STEP 03

在靠近内侧边缘的地方车线固定。

STEP 04

布料正面的效果。

6.6

扣压缝

扣压缝是一种先将上层布料的布边折叠扣倒，再将其压到下层布料上进行平线固定的一种缝型。该缝型通常用于贴袋、袋盖等地方。其操作方法如下。

STEP 01

将上层布料的布边折进去。

STEP 02

把上层布料翻到反面，将折进去的布边都熨烫平整。

STEP 03

使上层布料正面朝上，将折好的布边压到下层布料上。

STEP 04

沿着上层布料的边缘车一条线，将两层布料缝在一起，这就是扣压缝。

6.7

滚包缝

滚包缝多用于薄的布料，它可以一次将两层布料的毛边都包在里面。其操作方法如下。

STEP 01

将下层布料的布边折叠两次，然后将上层布料放上去，如果想要布料更牢固一些，可以沿着上层布料的边缘先车一条线固定。

STEP 02

将下层布边折叠好后，可先熨烫平整。

STEP 03

在上层布料折边处的内侧边缘车一条线进行固定，这样就把两层布边都包在里面了。

6.8

外包缝

外包缝是处理缝口的一种缝型，可以部分代替锁边功能，也可以作为一种装饰线迹，多用于西裤、牛仔裤的缝制。其操作方法如下。

STEP 01

两块布料的反面相对，将布边错开一定的量并车一条线，下层布料的缝份比上层布料的缝份多约一倍。

STEP 02

把布料打开，用下层布料的缝份包住上层布料的缝份。

STEP 03

包住之后让其倒向上层布料的一边，可以先熨烫一下。

STEP 04

沿上层布料的边再车一条线即可固定缝份，这时正面有两条线迹。

STEP 05

反面则只有一条线迹。

Tips

内包缝和外包缝相反，是指先将两片布料正面相对，缝制完成后正面有一条线迹，反面有两条线迹。

在一些地区，下面这种缝型也称为外包缝，它压住的部分会更少，更适用于厚一点的布料。

STEP 01

两层布料正面相对，并错开放置。

STEP 02

在靠近上层布料的边缘车线，把两层布料固定在一起。

STEP 03

缝好后把布料打开，翻到正面。

STEP 04

在正面车线，但不要压到反面的缝份，这样线就只走了两层布料。

STEP 05

此种外包缝的缝份厚度更小。

STEP 06

正反面的线迹。

Tips

如果布料不是那么厚也使用这种缝型的话，在最后一步则可以贴着缝份的边缘车线固定。

常用的缝纫技巧

我们在缝制服装的过程中，如抽褶、烫衬、上橡筋、钉纽扣和装拉链时，都经常会用到一些缝纫技巧。只有掌握了这些常用技巧，我们才能做好更多类型的服装。

7.1

抽褶的方法

抽褶是非常常用的一种工艺，通过抽褶，我们可以将较长的布料进行缩短，布料还会因此产生更多的造型变化。在将裙片和上身片相接，或制作泡泡袖、荷叶袖时，我们都会用到抽褶。

抽褶一般分为手动抽褶和压脚抽褶两种。手动抽褶是通过调大针距，然后使用手动抽拉的方式，使布料慢慢缩短，其优点是可以控制最后抽褶的长度，缺点是制作过程要麻烦一些。压脚抽褶就方便很多，我们可以直接使用缝纫机抽褶，但是这种方式不能让我们预先知道抽褶长度，一般会使用更长的布料进行抽褶，抽完后裁剪出需要的长度。

◆ 手动抽褶

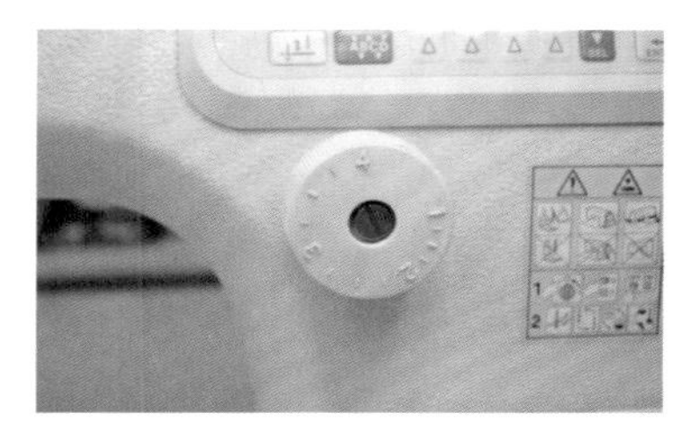

STEP 01

将缝纫机的针距调到最大，这么做可使针距稀疏，以方便手动抽拉。

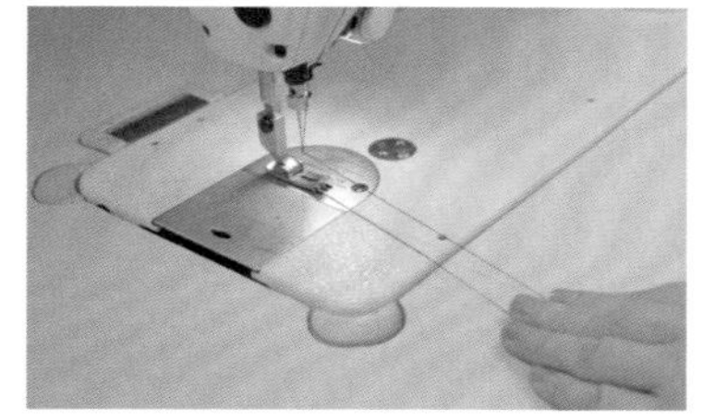

STEP 02

把面线和底线都拉出来一些。

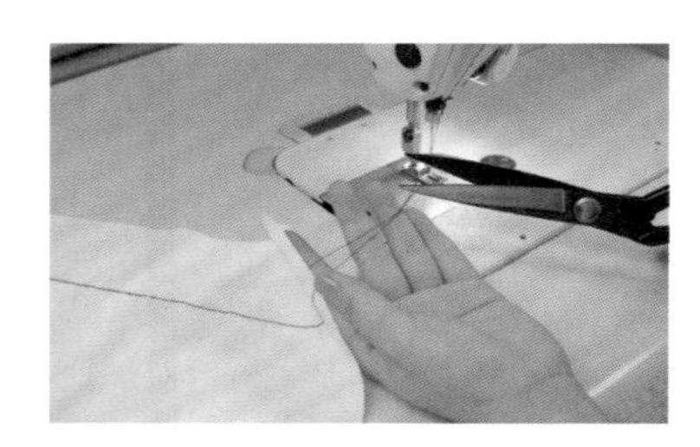

STEP 03

用缝纫机在需要抽褶的布料上车出一条线。

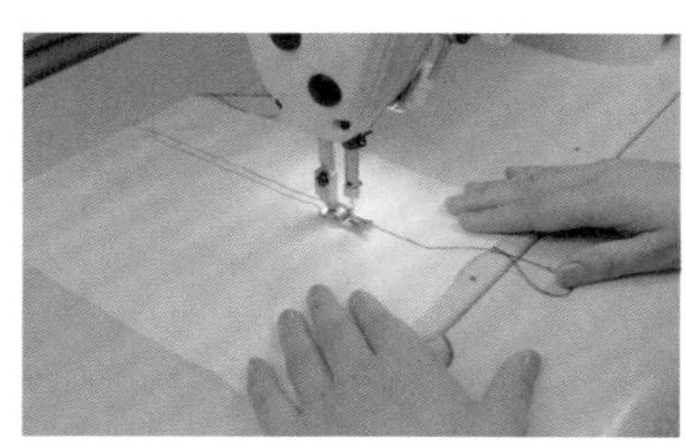

STEP 04

如果想要使抽好的褶更均匀和容易固定，可以平行车两条线。

STEP 05

把线的一端打结，以免脱线。

STEP 06

抽拉另一端的线，并同时用手拨动布料，使起褶均匀。

STEP 07

打结固定，手动抽褶就完成了。

◆ 压脚抽褶

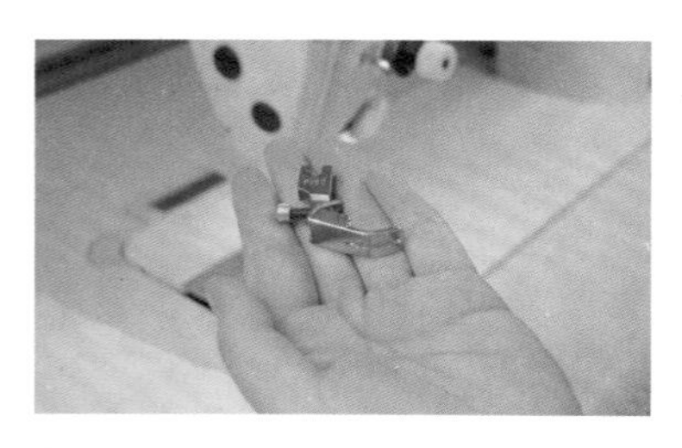

STEP 01

换上抽褶压脚。

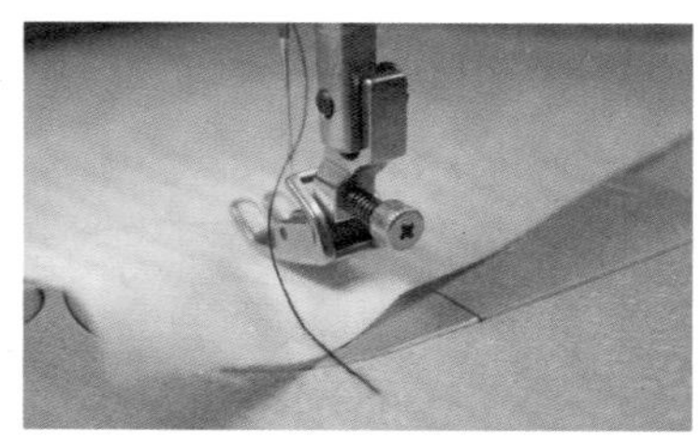

STEP 02

可以通过压脚后面的螺丝来调节抽褶密度。

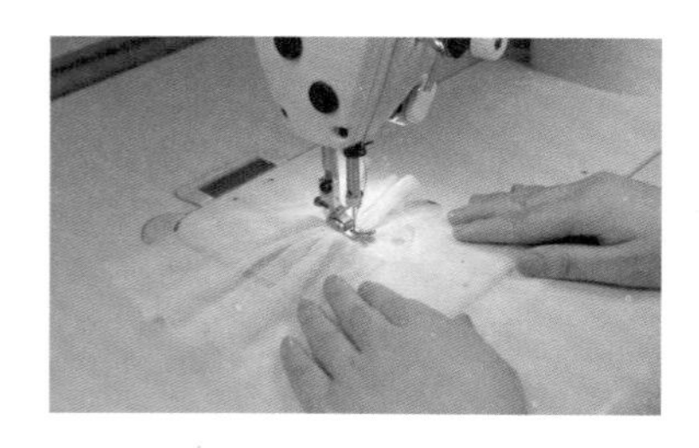

STEP 03

安装好抽褶压脚并调节好抽褶密度后，直接车出褶子。

STEP 04

抽好褶子后的样子。

Tips

抽褶压脚有固定抽褶密度和可调节抽褶密度两种。

◆ 制作包边条

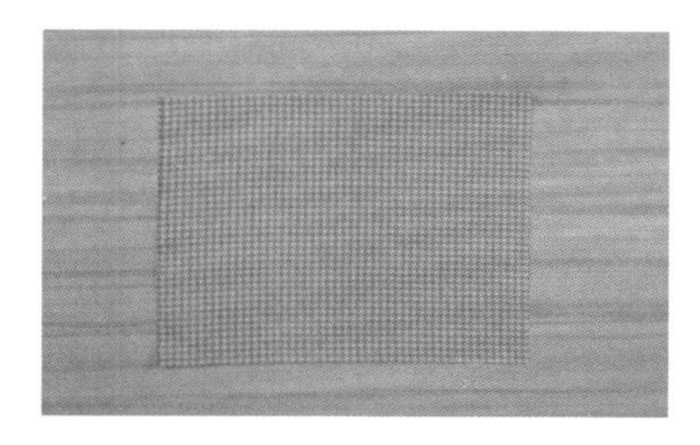

STEP 01

准备一块用来制作包边条的布料。

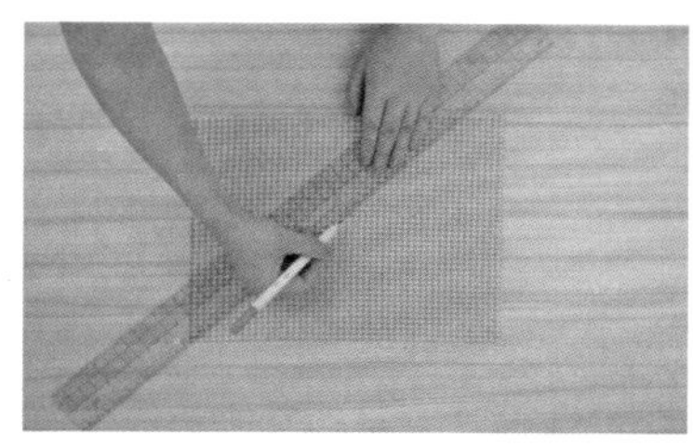

STEP 02

画出我们需要裁出的包边条的宽度，一般是3~5cm。

Tips

斜裁是因为在这个方向上，经纱、纬纱的作用力小，弹性大且易于变形，适合做包边条。

STEP 03

沿画好的线裁剪出布料。

STEP 04

得到裁剪出的长条布料。

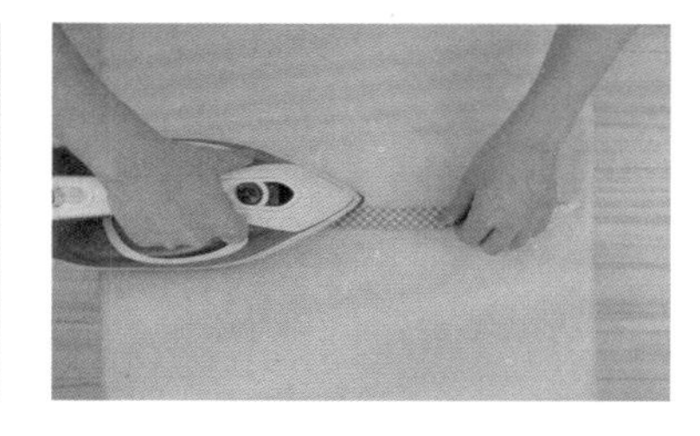

STEP 05

将包边条对折并进行熨烫。

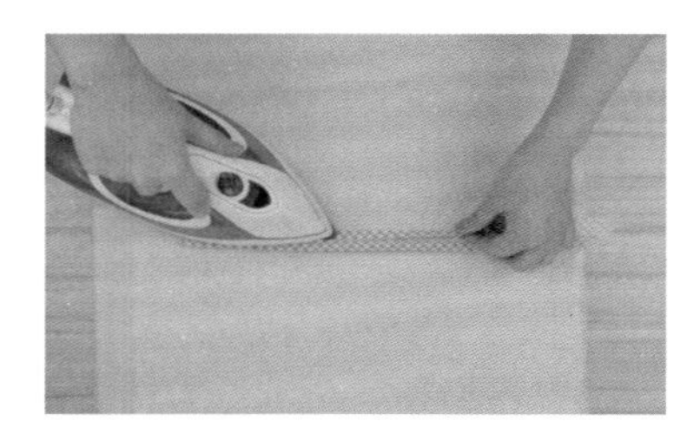

STEP 06

将包边条的两边折进去熨烫。

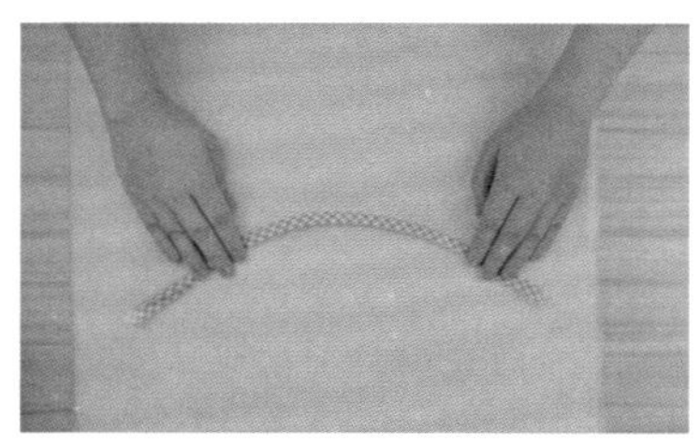

STEP 07

一个包边条就制作完成了，因为是斜裁的，所以包边条是可以部分弯折的。

7.2

开衩的制作

我们在做服装的时候，经常需要在一些位置制作开衩，比如在袖口、裙后、下摆等位置。开衩处理一般分为一片布料剪开时的开衩处理和两片布料缝合时的开衩处理两种，下面我们就来学习这两种开衩处理方法。

◆ 一片布料剪开时的开衩处理

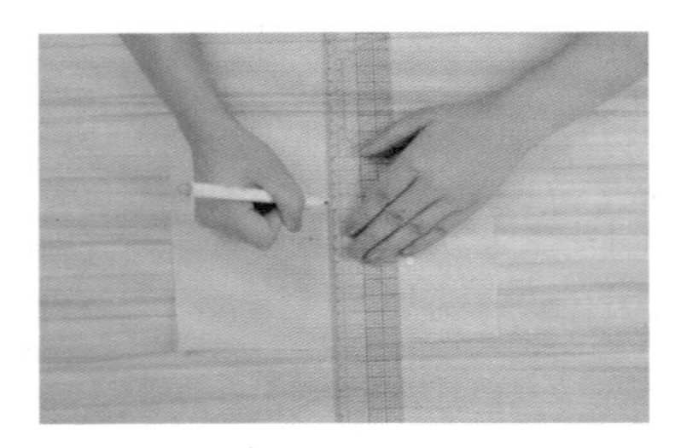

STEP 01

定出开衩的位置。

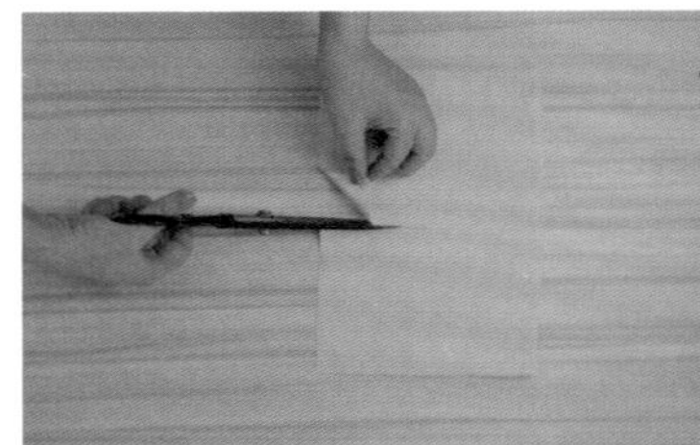

STEP 02

沿定好的位置将布料剪开。

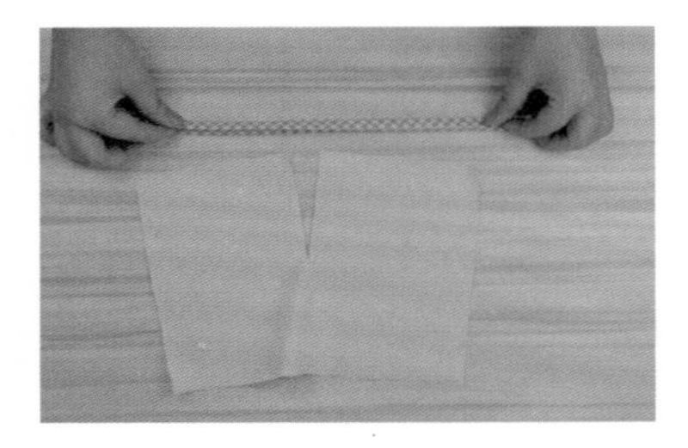

STEP 03

制作好包边条。

STEP 04

用包边条包住开衩的位置，并用珠针固定住。

STEP 05

在开衩顶部不太好车缝的地方，可以打两个小剪口，这样缝的时候可以方便拉直一些。

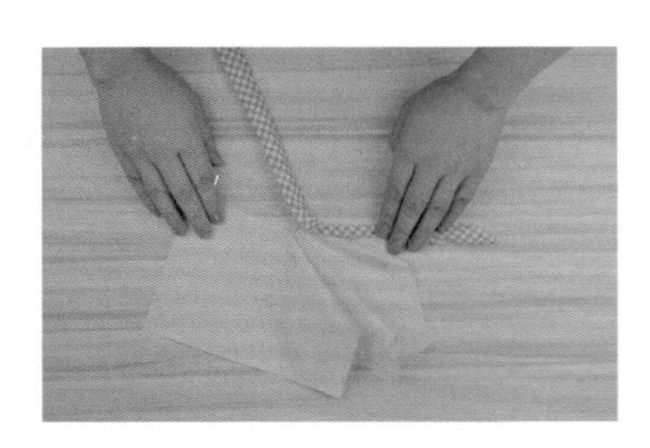

STEP 06

拉开开衩的位置，使之尽量呈一条直线，之后继续用包边条包住并用珠针固定。

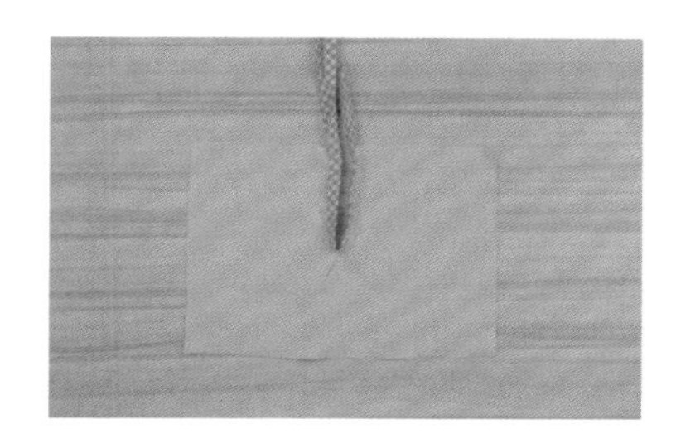

STEP 07

用包边条包好并固定住的样子。

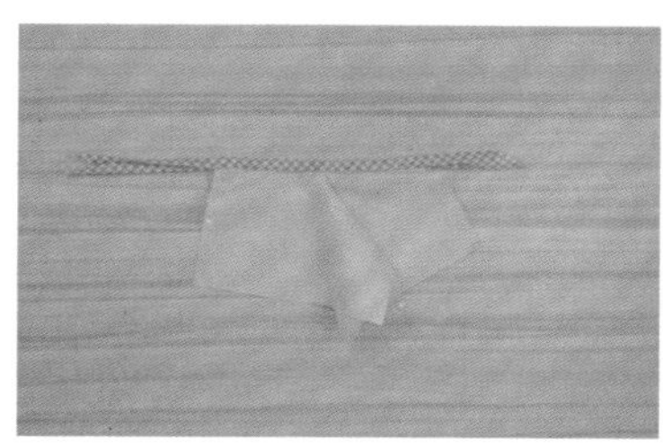

STEP 08

将包边条拉直后的样子。

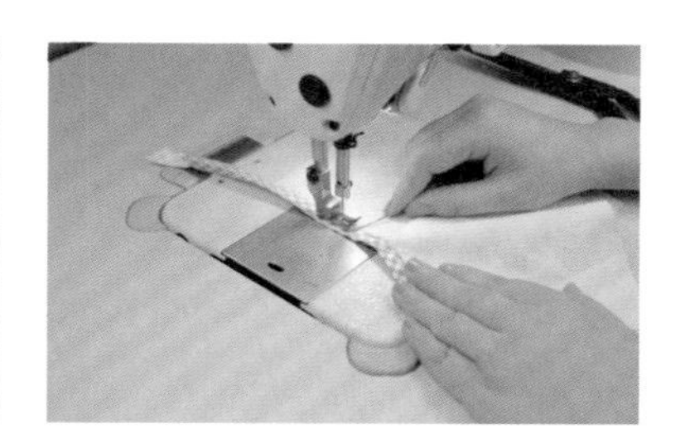

STEP 09

用缝纫机沿包边条边缘车缝固定。

STEP 10

缝合并固定好的包边条。

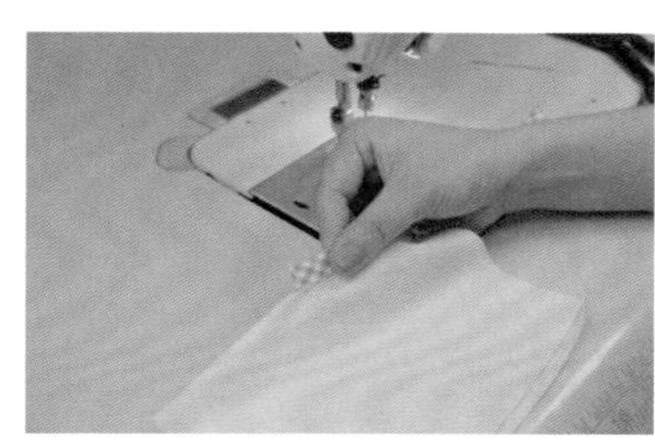

STEP 11

把缝好的开衩沿背面捏在一起。

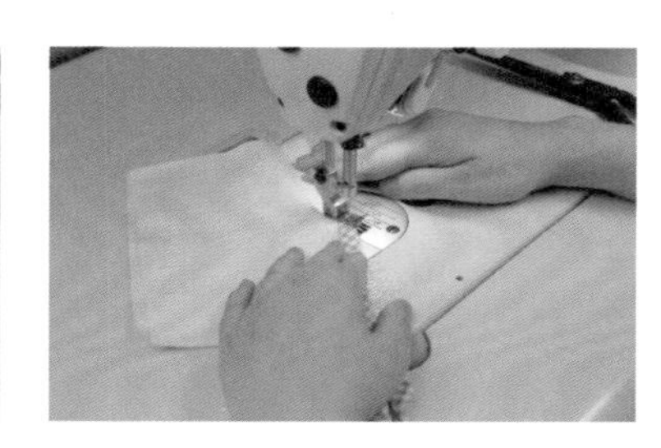

STEP 12

斜着车线以固定住开衩顶端的角。

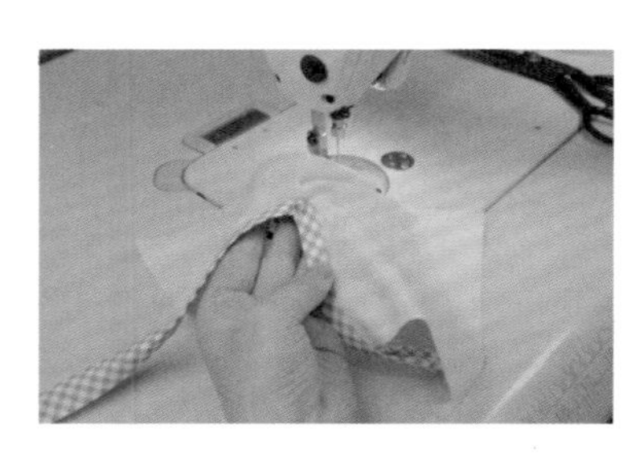

STEP 13

缝好开衩的角。

STEP 14

开衩的角正面的样子。

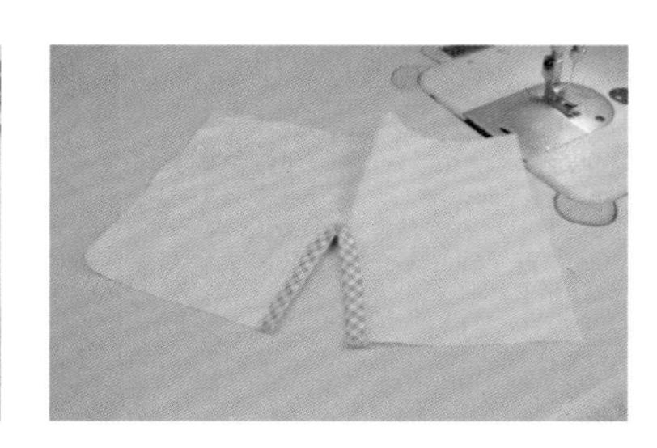

STEP 15

完成开衩包边的制作。

◆ 两片布料缝合时的开衩处理

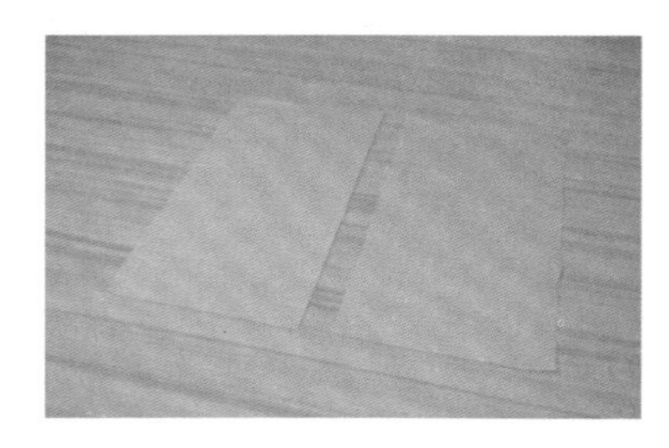

STEP 01

准备好需要拼合的两块布料。

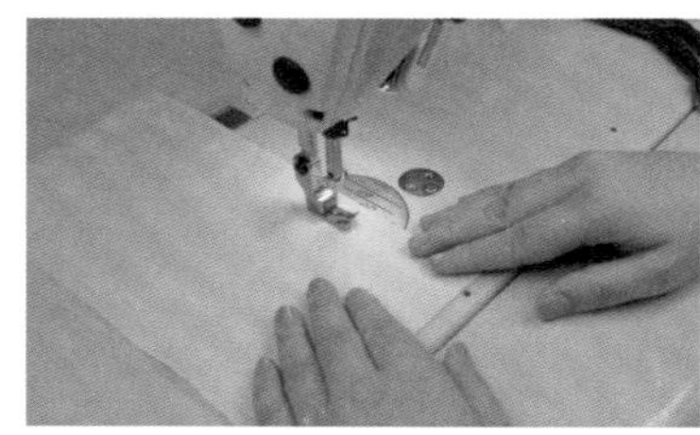

STEP 02

将两块布料正面相对，留出开衩的部分不缝，将不需要开衩的部分缝合起来。

STEP 03

在内侧将缝份往里面折进去两次，再用缝纫机沿边缘车线固定住。

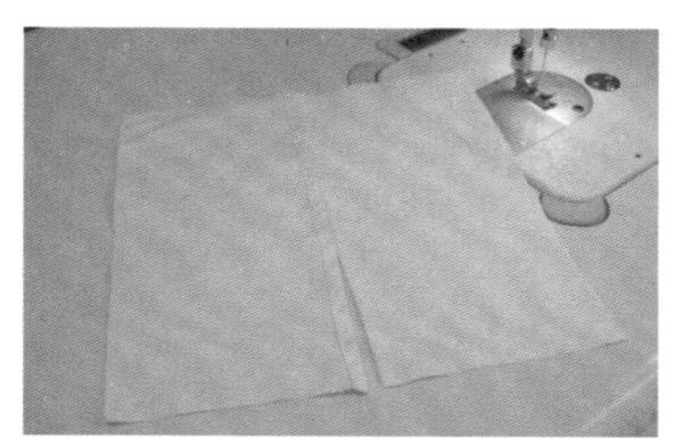

STEP 04

完成两块布料的开衩制作。

7.3

粘合衬的熨烫方法

粘合衬分为有纺衬和无纺衬两大类，它的上面涂了一层热熔胶，我们可以使用熨斗将其粘到布料上，以解决普通布料在做领子、袖口、裙头等部位时不够挺括的问题。粘合衬使用方便、工艺简单，是我们常会用到的一种辅料。

STEP 01

粘合衬有厚的、薄的，有单面的、双面的，使用时根据自己的需求选择。

Tips

一般选择与布料厚薄、色泽、耐热性及缩水率相近的粘合衬。

STEP 02

另外还有一种粘合衬条，一般适用于拉链、袖笼等地方，可使拉链、袖笼等在缝纫的时候不容易变形。

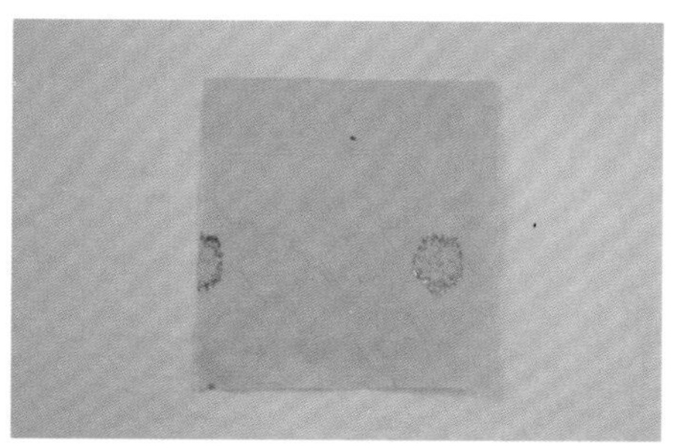

STEP 03

准备好布料，将反面（也就是要烫衬的一面）朝上。

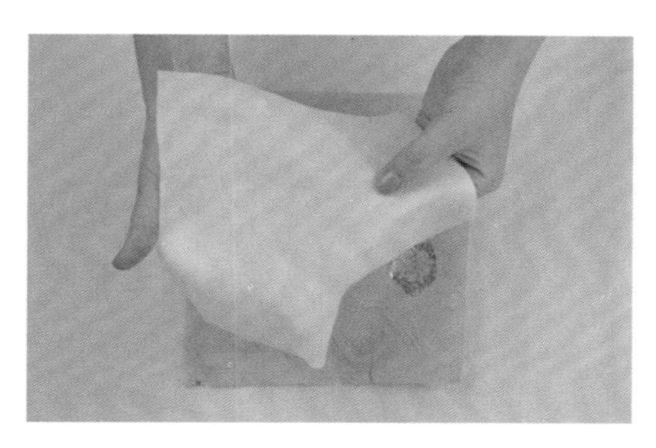

STEP 04

用手触摸一下，粘合衬有颗粒感的一面是有热熔胶的一面。

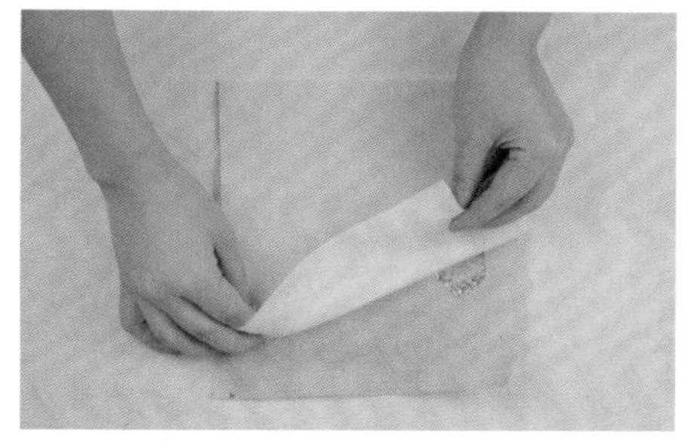

STEP 05

把有热熔胶的一面贴在布料的反面。

STEP 06

用适宜的温度均匀地熨烫。

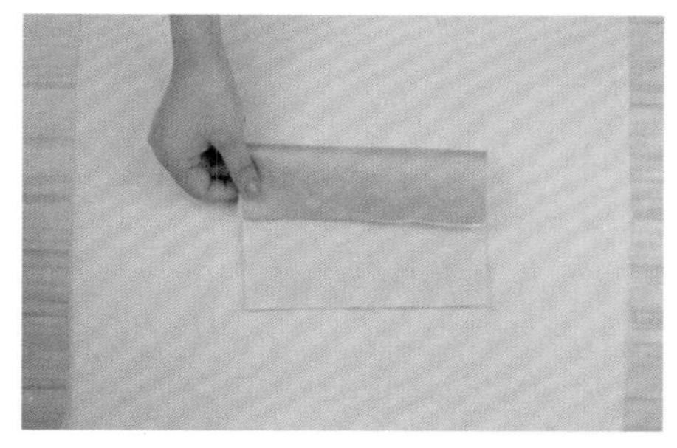

STEP 07

熨烫好之后，粘合衬和布料就固定在一起了，此时布料也变得挺括起来。

Tips

熨烫温度一般是 120～160℃，既要使热熔胶粘合布料，又不能烫坏布料，熨烫时不需要开蒸汽。

7.4

贴袋的制作

贴袋是服装口袋的一种，简单美观又实用，是很常用的一种装饰。

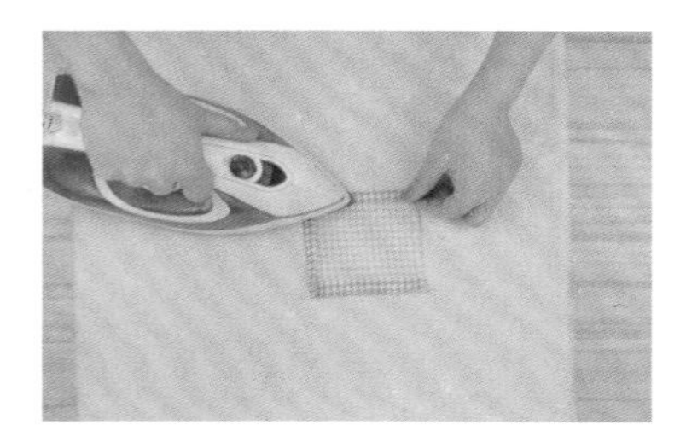

STEP 01

裁剪好一块用来做贴袋的布料，把除袋口以外的三边都向内折1cm并进行熨烫处理。

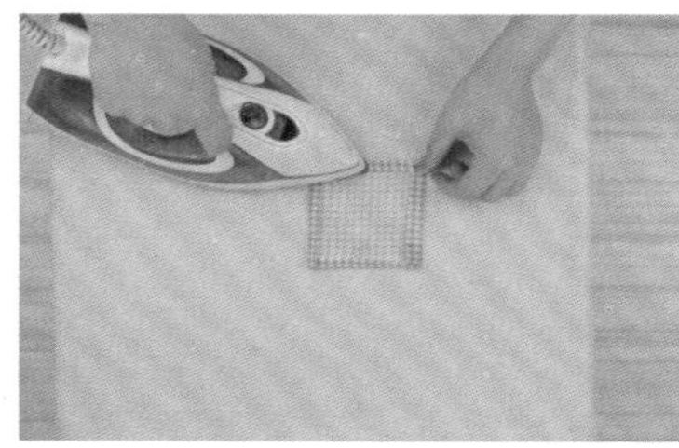

STEP 02

将袋口的一边向内折两次并进行熨烫处理。

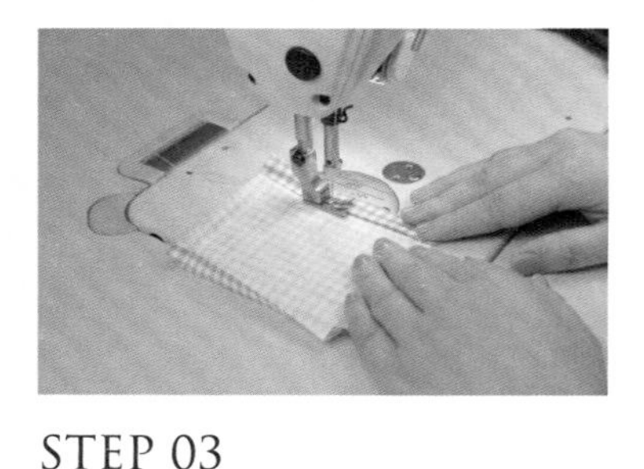

STEP 03

使用缝纫机对熨烫好的袋口进行车线固定。

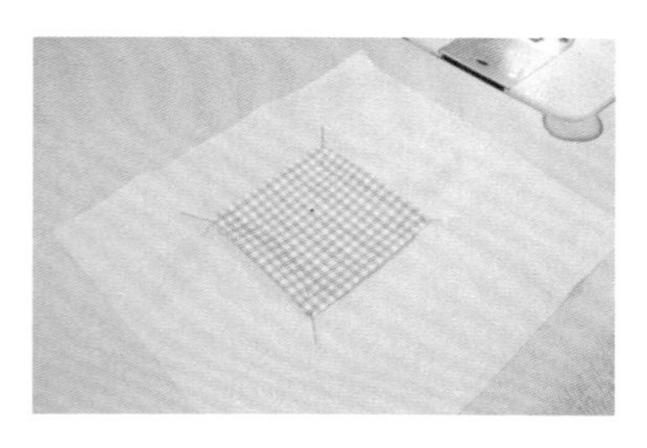

STEP 04

把贴袋放在需要缝合的位置上（注意袋口的朝向，以免缝错），使用珠针固定住。

STEP 05

使用缝纫机压缝，固定除袋口以外的三边。

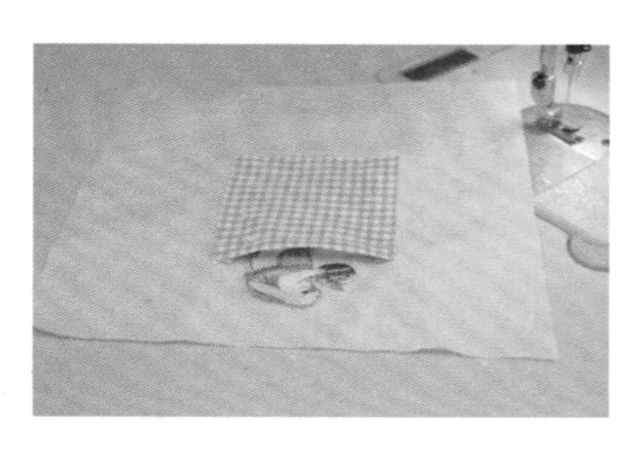

STEP 06

一个贴袋就制作完成啦。

7.5

肩带的制作

下面介绍肩带的制作方法，我们通常会在制作吊带裙的肩带的时候用到它。该方法整体很简单，我们主要学习如何在肩带里藏住缝份。

STEP 01

裁剪出我们用来做肩带的长方形布料。

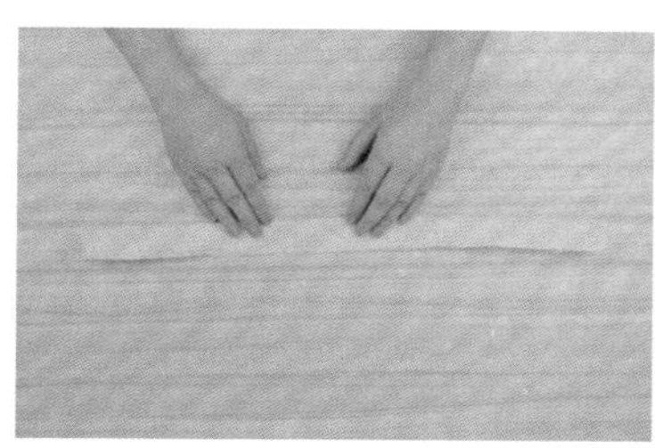

STEP 02

沿长边的中线，将布料正面相对对折。

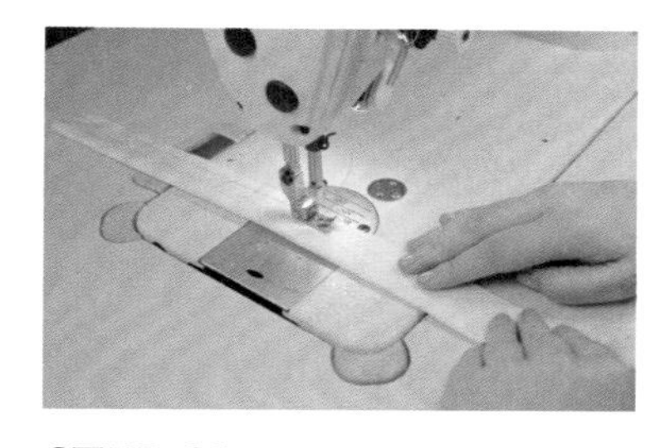

STEP 03

对正面相对的布料的长边进行缝合。

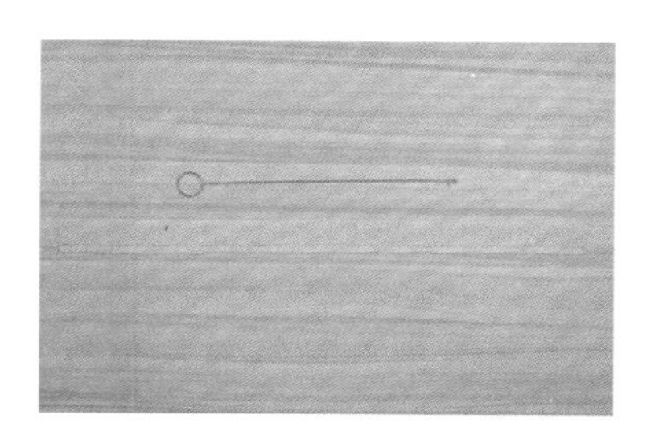

STEP 04

拿出翻带器，可借助它将长条状布料翻到正面。

STEP 05

将翻带器从布条里面穿进去。

STEP 06

用翻带器的钩子勾住布料的另一头。

STEP 07

往回拉即可将布料翻面。

STEP 08

将缝份藏在内部的肩带就制作完成啦。

7.6

顺褶与工字褶

顺褶与工字褶是我们常会用到的两种褶子，一般会用在裙子上，下面我们就来看看这两种褶子的制作方法。

◆ 顺褶

STEP 01

在布料上画出顺褶的线条。

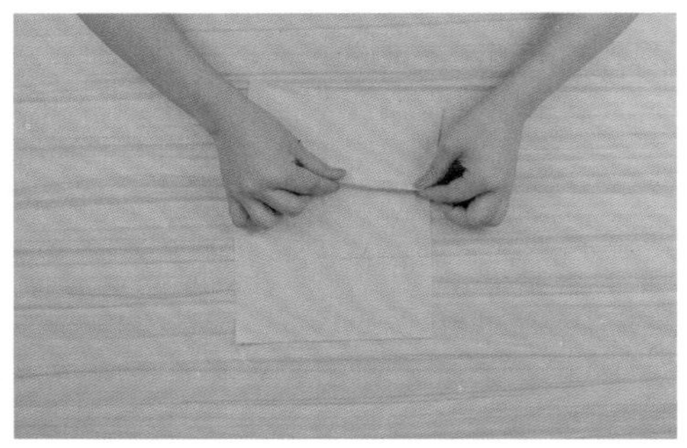

STEP 02

将褶子线的布边朝上，从而判断斜线高的一边。将斜线高的一边的线与斜线低的一边的线进行重合。

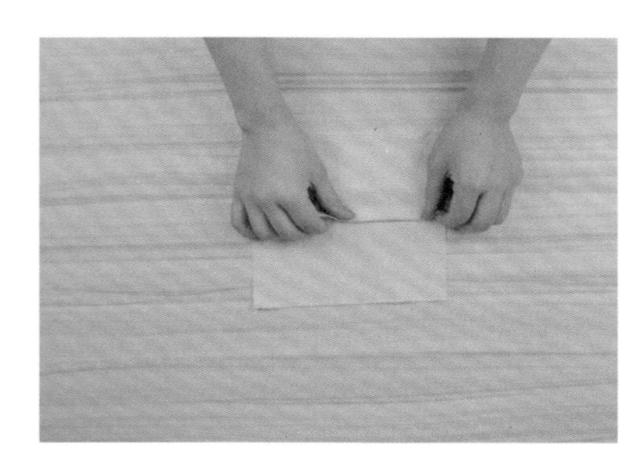

STEP 03

重合之后的样子。

STEP 04

用珠针固定，完成了一个顺褶的制作。

◆ 工字褶

STEP 01

在布料上画出工字褶的线条。

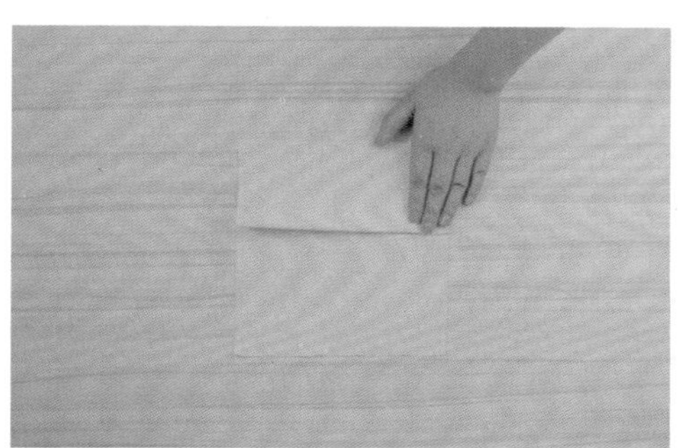

STEP 02

将斜线高的一边和斜线低的一边重合。

STEP 03

工字褶线条两边都是斜线高的一边，所以两边都向中间折叠，并用珠针固定。

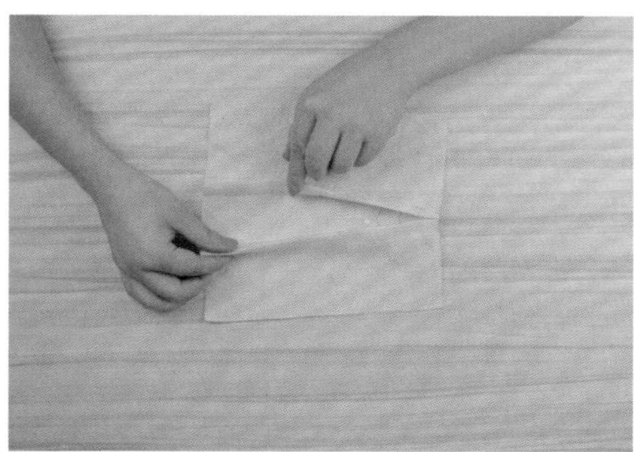

STEP 04

这样就完成了一个工字褶的制作。

7.7

上橡筋的方法

橡筋有收缩的作用，所以在做裤腰和袖口等部位时，我们都会用到上橡筋的方法。其原理就是用布料将橡筋包在里面，并把缝份藏在内部。

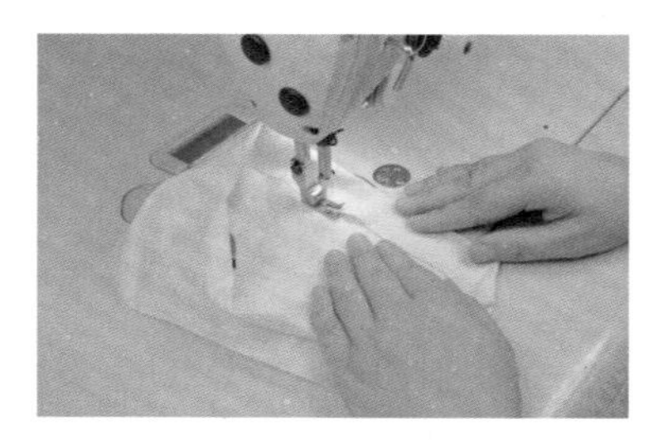

STEP 01

在需要上橡筋的部位，按稍大于橡筋宽度的尺寸将布料折叠进去（折两次可以进一步把缝份藏在里面），车缝后留出一个口，以便 用来穿橡筋。

STEP 02

拿出穿带器，并用它的一头夹住松紧带。

STEP 03

将穿带器从刚才留的口穿进去。

STEP 04

穿带器穿进去后绕一圈，再从这个口穿出来。

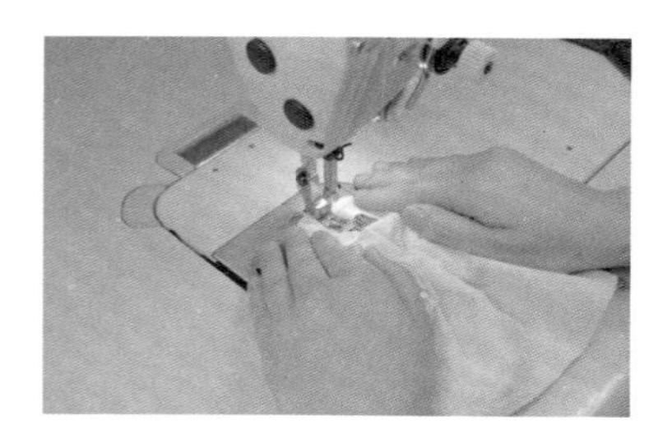

STEP 05

使用缝纫机将松紧带的头尾缝合起来。

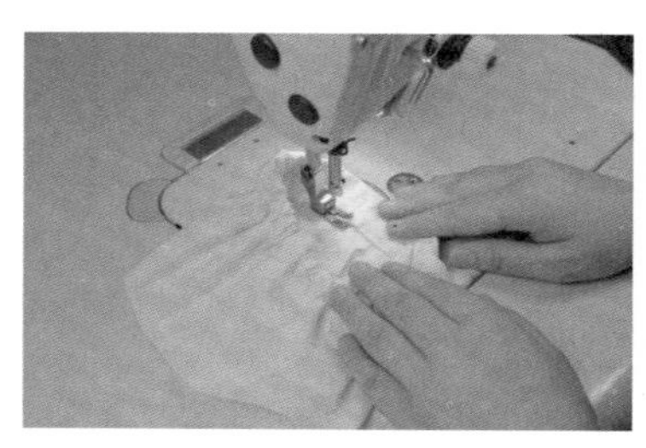

STEP 06

将开口处的布缝合起来。

STEP 07

这样一个橡筋就上好啦。

7.8

钉纽扣的方法

钉纽扣的方法也是我们在缝纫时常会用到的，有时候纽扣掉了，我们也可以自己简单地钉上去。这里介绍钉双孔纽扣和带脚纽扣的方法。

◆ 双孔纽扣

STEP 01

准备好双孔纽扣和布料。

STEP 02

从布料正面起针，在正面打结后穿向背面。

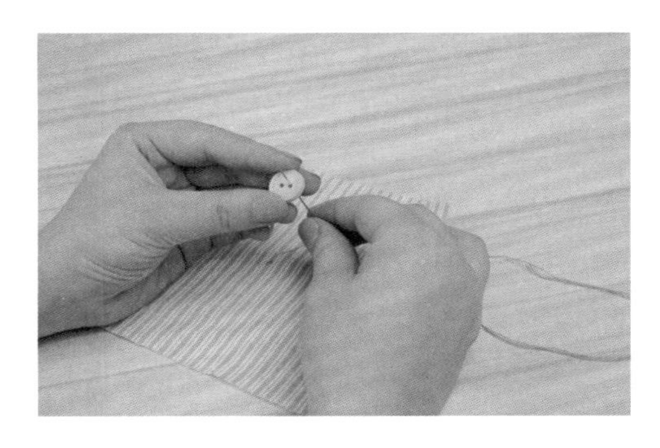

STEP 03

将针线从布料背面再穿回正面，同时穿过纽扣。这样，之前打的结就藏在布料和纽扣中间了。

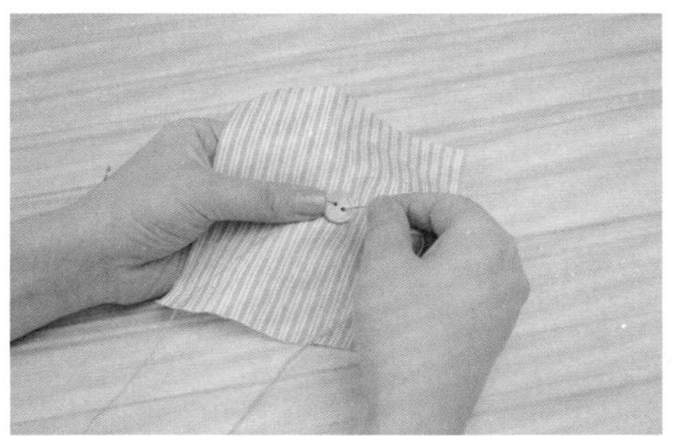

STEP 04

将针线从纽扣的另一个孔穿到布料背面。

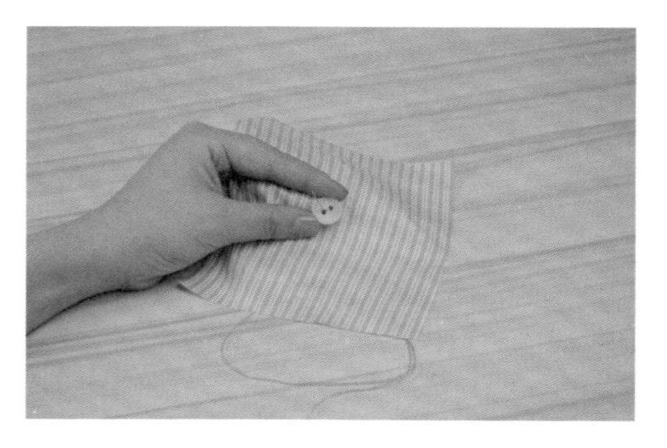

STEP 05

在背面将针线从纽扣的另一个孔穿到正面。

STEP 06

在正面将针线从纽扣的另外一个孔穿到背面，如此重复多次。

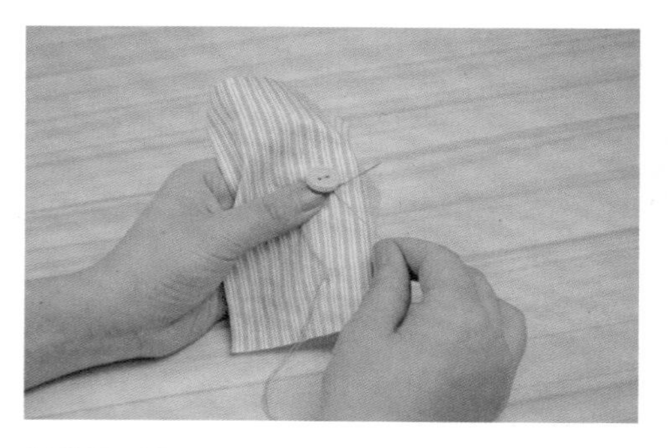

STEP 07

穿完后，在纽扣和布料的中间打结。

STEP 08

剪掉多余的线，双孔纽扣就钉好啦。

Tips

钉四孔纽扣与钉双孔纽扣的方法相同。

◆ 带脚纽扣

STEP 01

准备好带脚纽扣和布料。

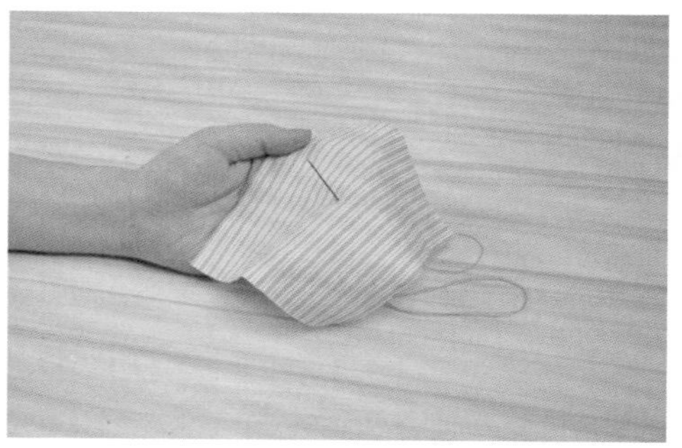

STEP 02

将针从布料正面穿到背面，再穿回正面，并将结留在正面。

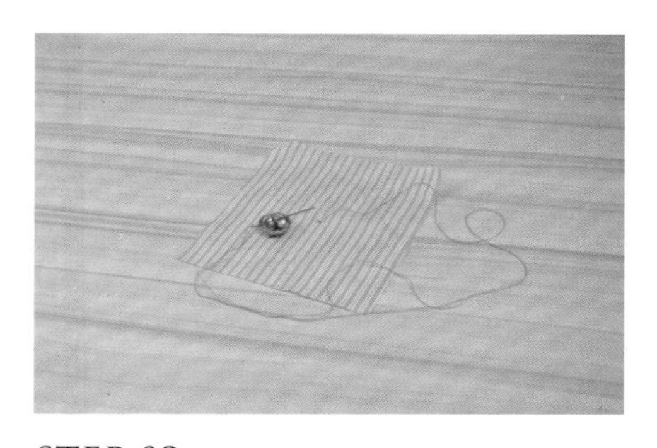

STEP 03

将针穿过纽扣的孔。

STEP 04

将线慢慢拉紧，使纽扣贴在布料正面。

STEP 05

将针从布料正面穿到布料背面。

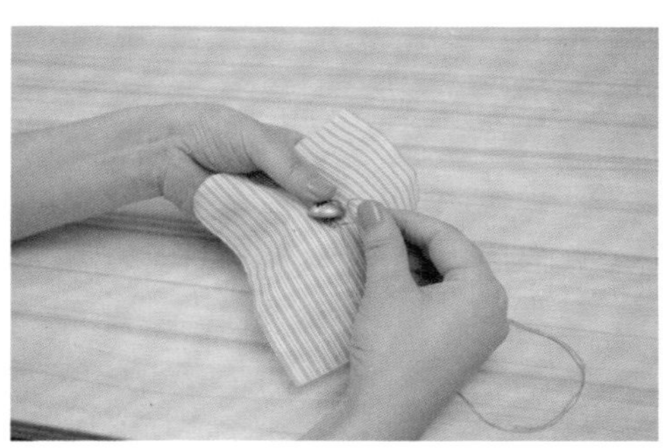

STEP 06

将针穿回正面并穿过纽扣的孔，重复进行STEP 05和STEP 06的操作。

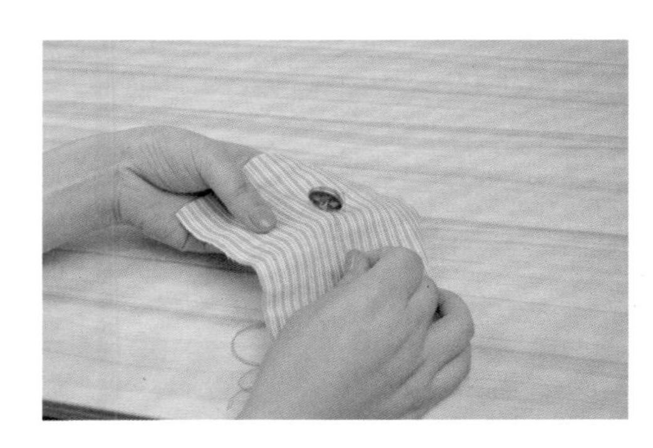

STEP 07

将线围着纽扣底的线绕一圈，并打结固定住。

STEP 08

剪掉多余的线，带脚纽扣就钉好啦。

7.9

安装四合扣的方法

四合扣是纽扣的一种，俗称按扣、弹簧扣，一般为金属材质，在皮具和服装上都经常使用。下面我们就来学习手工安装四合扣的方法。

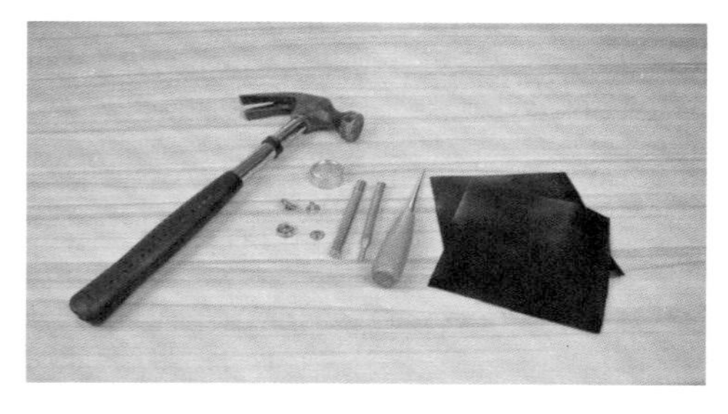

STEP 01

准备好四合扣、布料和安装工具，安装工具有锤子、底座、敲棒、锥子。

STEP 02

用锥子在两块布料上各打出一个小孔。

STEP 03

拿出两颗母扣，母扣中间有孔，其中右边那颗有面板。

STEP 04

将有面板的那颗母扣中心凸出的部分从布料正面的小孔穿过，使其在布料背面露出来。

STEP 05

找到准备好的另一颗母扣。

STEP 06

把这颗母扣放到布料背面有面板的母扣上面。

STEP 07

拿出一头凸起的那支敲棒。

STEP 08

在母扣下方垫好底座，以免敲坏桌子。将敲棒对准上方母扣的孔。

STEP 09

拿出锤子，在垂直方向上将两颗母扣敲紧，这样母扣就安装好了。

STEP 10

找出两颗公扣（又叫底扣），公扣中间有凸起的圆点。

STEP 11

拿出长钉的公扣。

STEP 12

将其穿过另一块布料中间的孔。

STEP 13

拿出短钉的公扣。

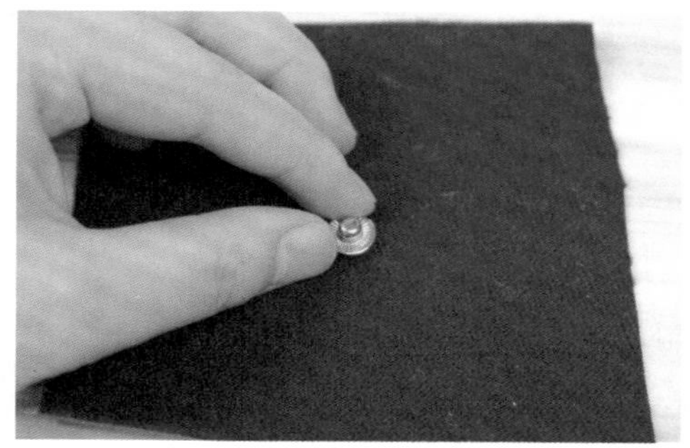

STEP 14

把短钉的公扣盖在长钉的公扣上。

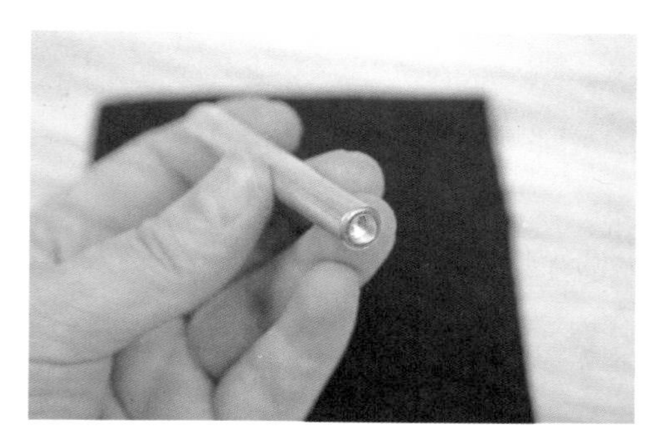

STEP 15

拿出一头凹进去的那支敲棒。

STEP 16

在母扣下方垫好底座，以免敲坏桌子。将敲棒对准上方公扣的中心，垂直用力敲击即完成安装。

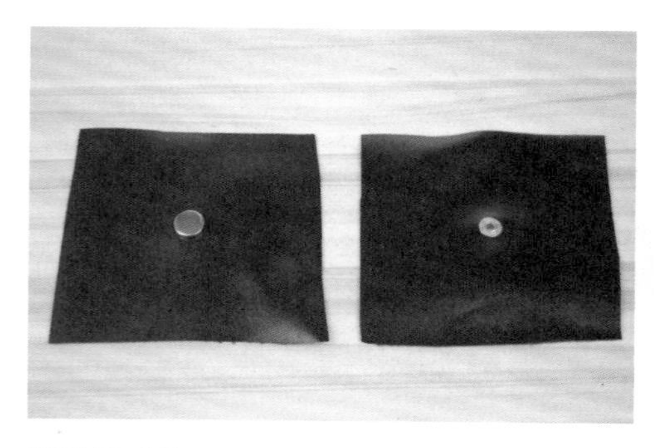

STEP 17

安装好的四合扣——不相扣的一面。

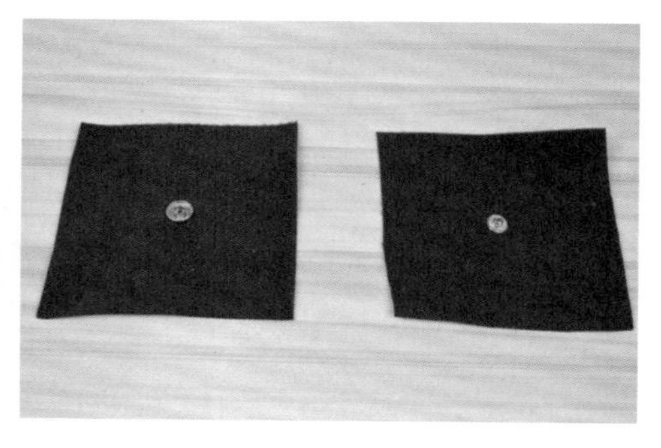

STEP 18

安装好的四合扣——相扣的一面。

7.10

拉链的安装方法

拉链分为普通拉链和隐形拉链。拉链的安装方法有很多种，这里我们学习一种新手容易理解和掌握的方法。

STEP 01

准备好用于安装拉链的两片布料。

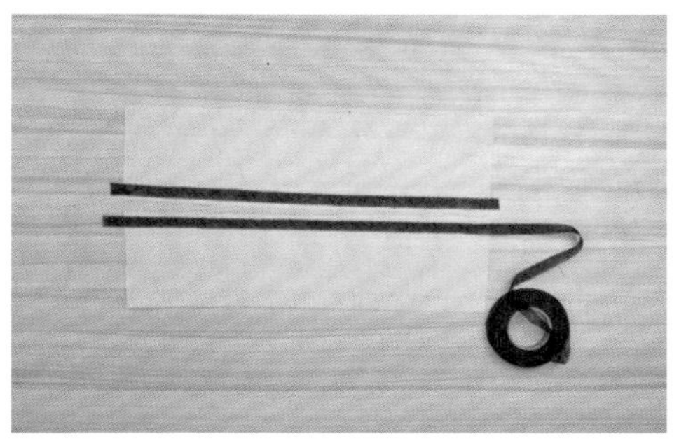

STEP 02

将粘合衬条粘在安装拉链的缝份位置，以固定此处，避免布料被拉扯变形。

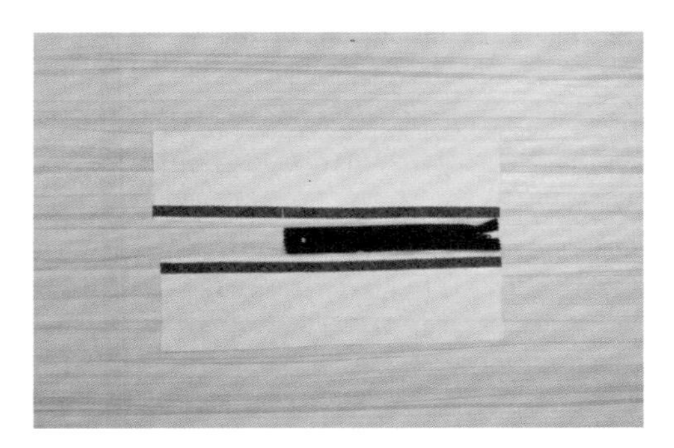

STEP 03

拿出准备好的拉链，标记好拉链长度及拉链在布料上的位置。

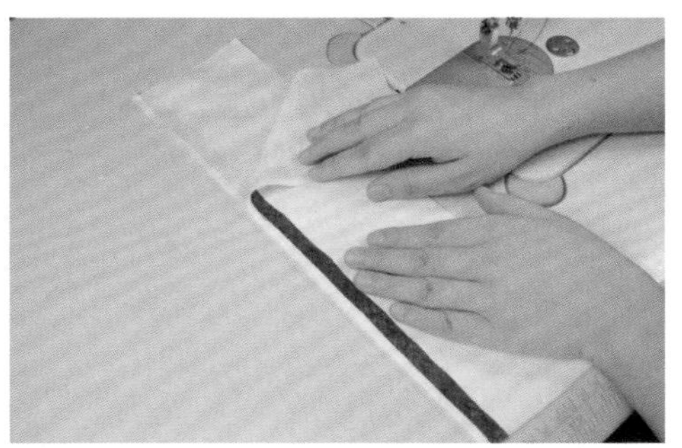

STEP 04

对准备安装拉链的一边进行锁边处理，并用缝纫机的正常针距从下方缝合到标记拉链长度的位置。

STEP 05

将缝纫机调到最大针距，缝合要安装拉链的部分。

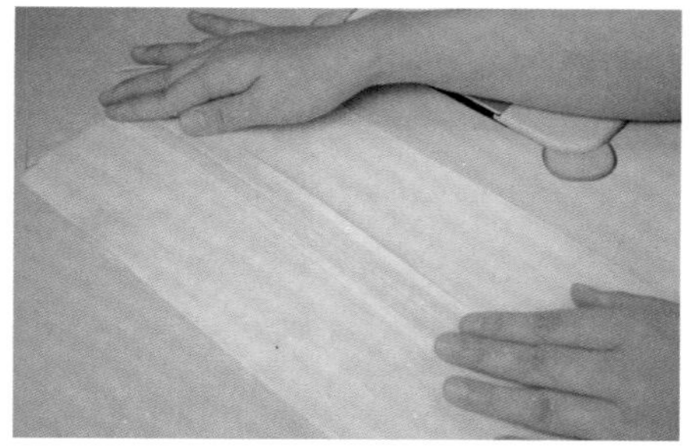

STEP 06

缝合好要安装拉链的部分后，将缝份向两边压平。

Tips

在拉链长度以下的位置采用正常针距，在拉链所处的位置则采用最大针距，这么做是为了方便拆线。

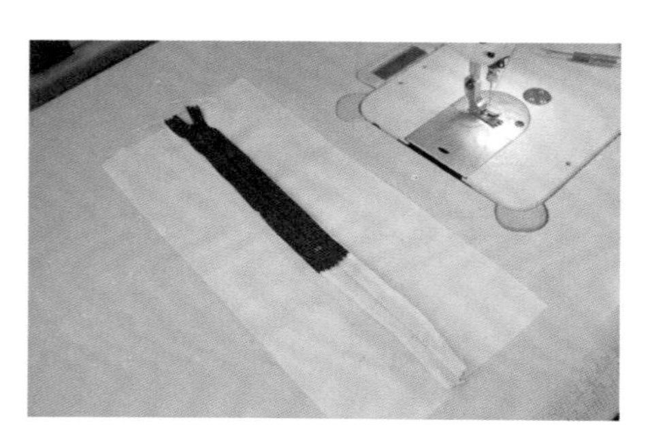

STEP 07

把拉链放到需要缝合的地方，拉链正面朝下，建议新手先用珠针固定好拉链。

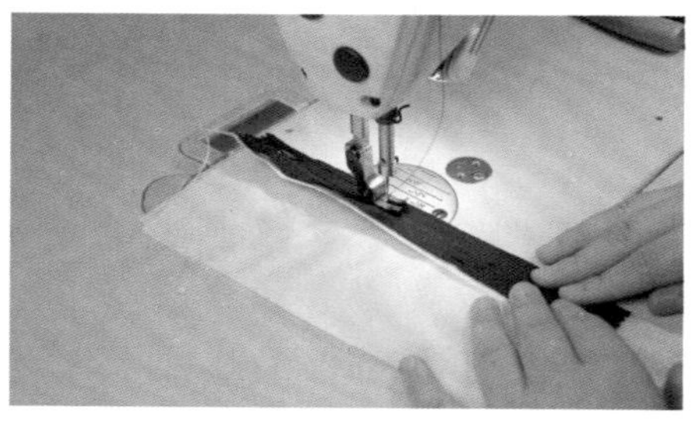

STEP 08

将拉链的两侧布边和布料的缝份缝合到一起。

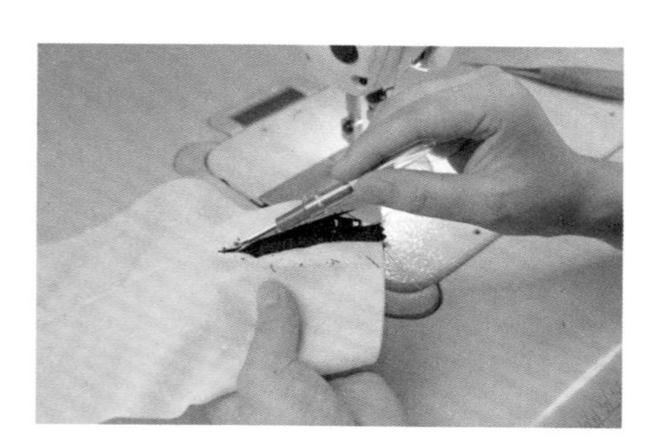

STEP 09

使用拆线器拆除拉链位置的线。

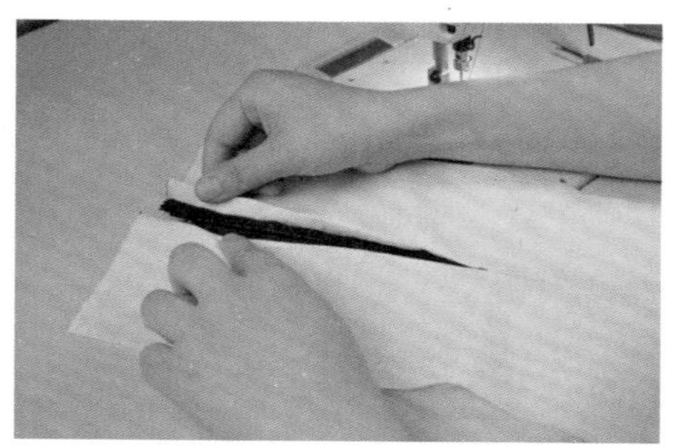

STEP 10

拆线后拉链的样子，此时可以选择安装普通拉链或隐形拉链。

◆ 普通拉链的安装

STEP 01

沿着前面的步骤，继续使用缝纫机缝合，固定拉链的三边。

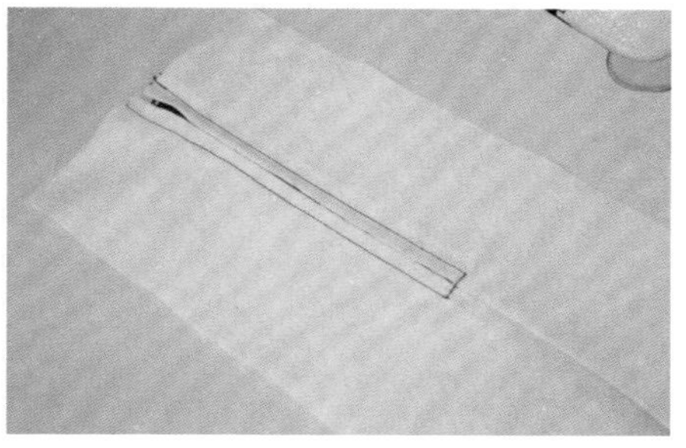

STEP 02

这样一个普通拉链就安装完成了。

◆ 隐形拉链的安装

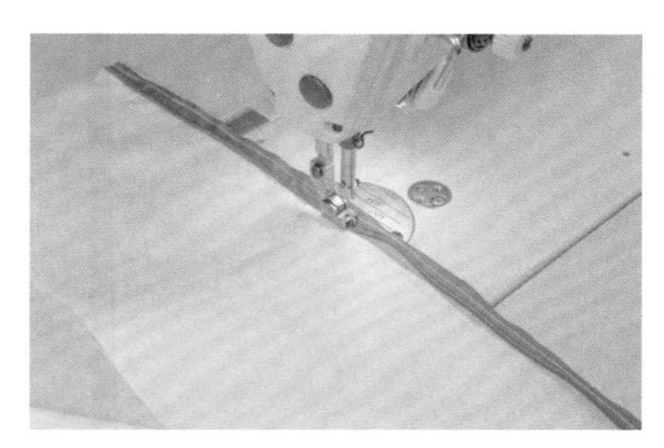

STEP 01

拆线后，换上隐形拉链的压脚，卡着拉链缝车一条离拉链齿很近的线。

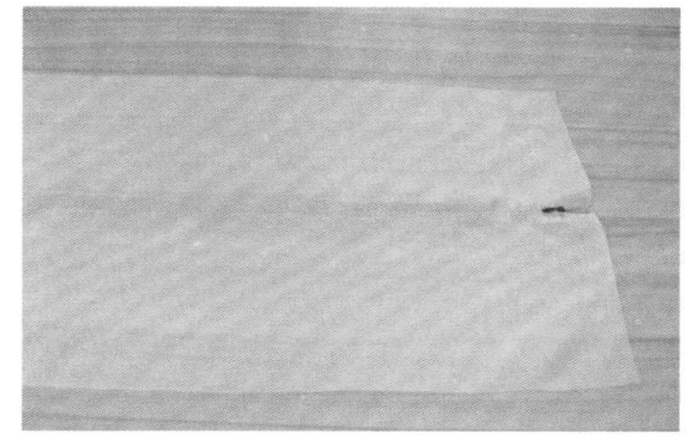

STEP 02

这样隐形拉链就安装完成了，图为隐形拉链闭合时的样子。

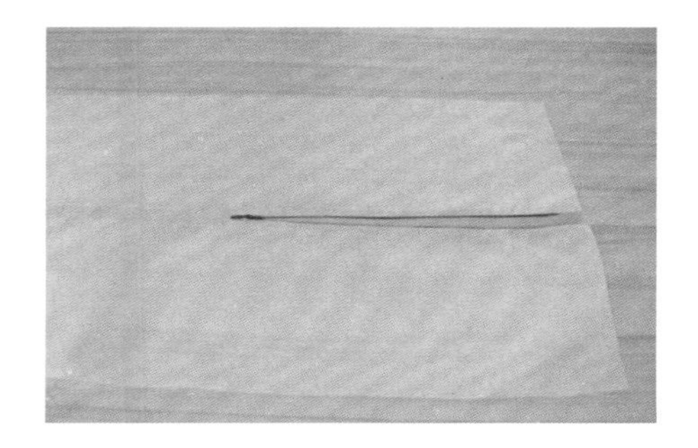

STEP 03

隐形拉链被拉开时的样子。

小物的制作

除了主体服装搭配所带来的美观性之外，服饰也能烘托出很多效果。搭配好了能增加服装的整体层次感，增强服装本身的艺术表现，让整个服装更趋于丰富和完整。本章我们就来学习几种装饰小物的做法。

8.1

蝴蝶结的制作

蝴蝶结是一种比较常见的装饰小物，它不仅可以用来装饰发夹，还可以用来装饰包包、衣服和礼物等。蝴蝶结的制作方法有很多种，我们先来学习其中 3 种。

◆ 第一种蝴蝶结

STEP 01

准备好材料，由上至下分别是粘合衬、织带、装饰用带子和两片长方形布料。

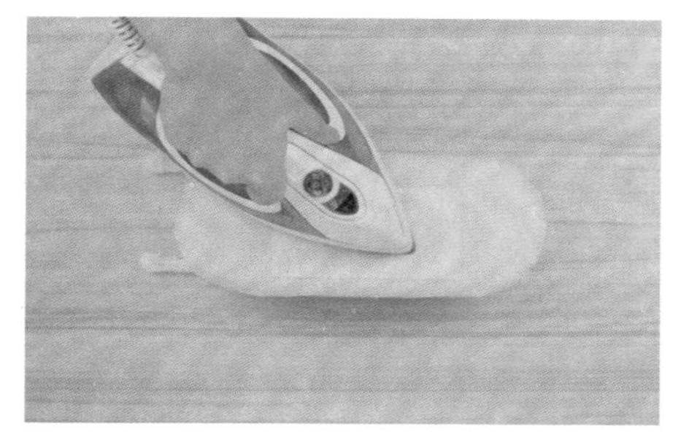

STEP 02

给两片布料都熨烫上粘合衬，让布料更挺括。

STEP 03

把装饰用带子放到布料的合适位置上。

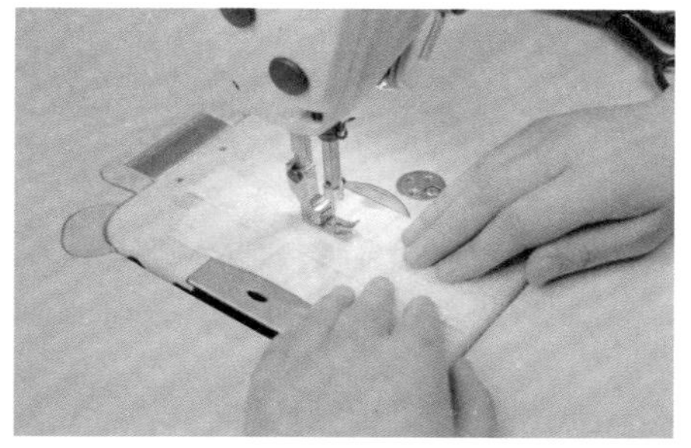

STEP 04

使用缝纫机或手缝，将装饰用带子固定在布料上。

STEP 05

将两片布料正面相对地摆放到一起。

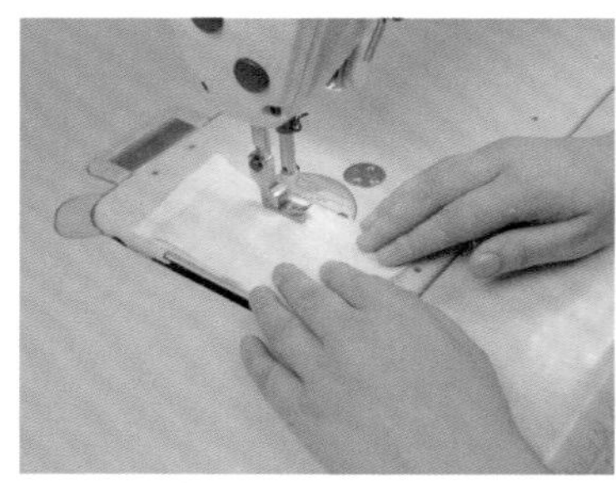

STEP 06

使用缝纫机或手缝，沿正面相对的两片布料的四周缝合固定，并留一小段口子先不缝，留作翻口。

STEP 07

沿四周缝合后的样子，下方有一小段口子没缝，从这个口子把布料的正面翻到外面来，这样四周的缝份就藏在内部了。

STEP 08

翻过来之后，使用手缝把刚才留的翻口缝起来。

Tips

建议使用手缝是因为手缝的一些针法可以藏住线迹，具体针法可参见本书第 2 章。

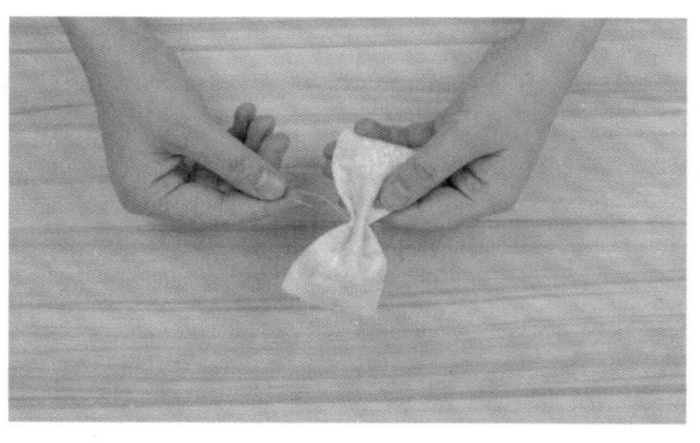

STEP 09

折叠布料的中间，注意叠得美观一些，然后用线绕几圈固定住，这样蝴蝶结的形状就出来了。

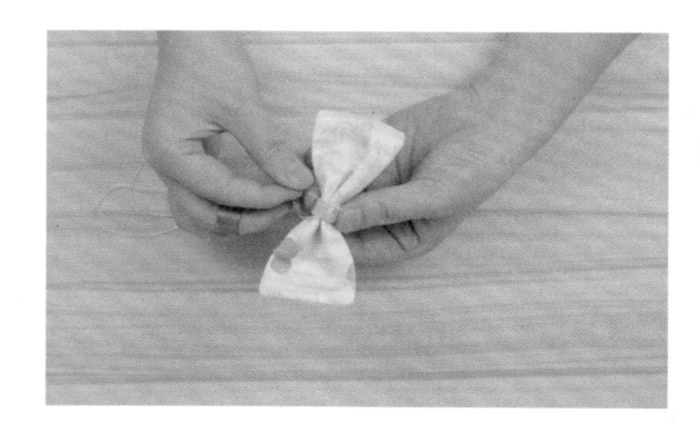

STEP 10

使用织带绑住布料中间的部分，并使用手缝固定。织带既能起到固定的作用，又能起到装饰的作用。

STEP 11

第一种蝴蝶结就制作完成啦。

◆ 第二种蝴蝶结

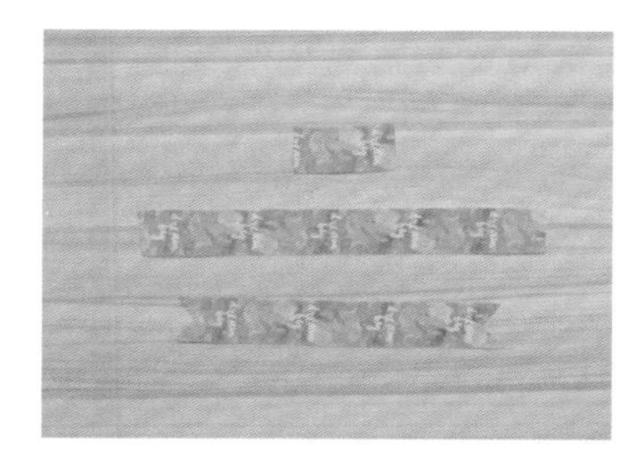

STEP 01

准备好材料，从上至下分别是绑带、蝴蝶结主体、装饰带，这些材料可以采用同一种布料。

STEP 02

使蝴蝶结主体布料头尾相接，围成一个圈，并用珠针固定。

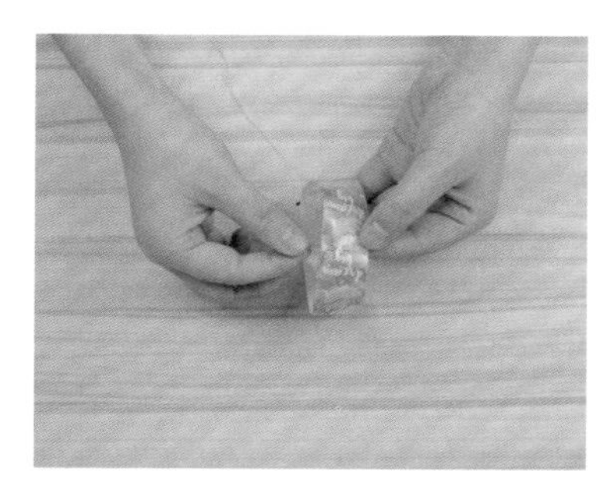

STEP 03

使用手缝将这个圈的头尾缝合以固定住。

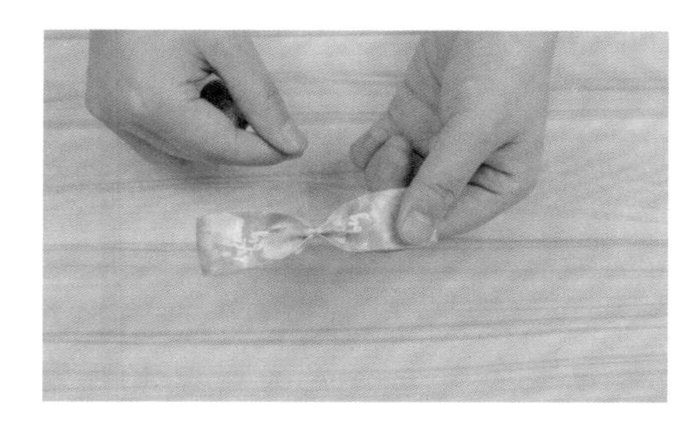

STEP 04

将这个圈的中间部分折叠在一起，并用线缠绕几圈进行固定，此时蝴蝶结的形状已经出现。

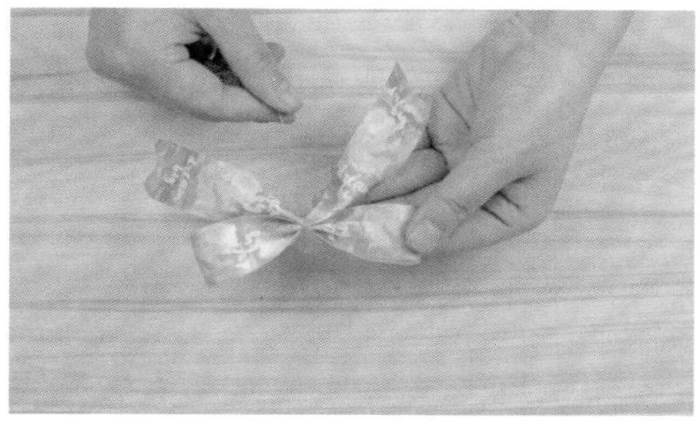

STEP 05

将准备好的装饰带放在蝴蝶结下方，并用线将二者固定到一起。

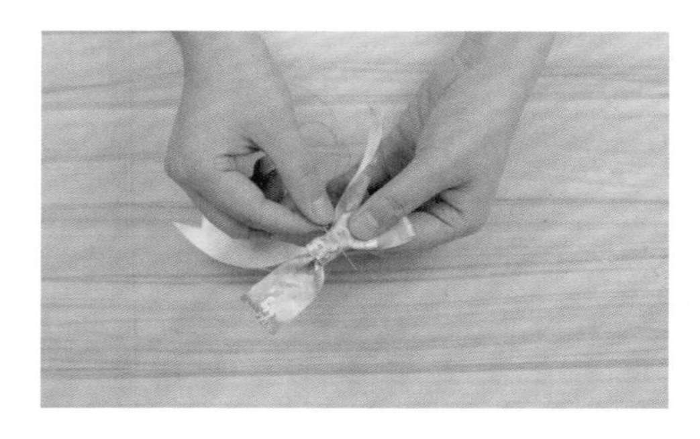

STEP 06

使用绑带绑定后，用手缝固定住绑带和蝴蝶结。绑带在这里既起到固定的作用，也起到装饰的作用。

STEP 07

第二种蝴蝶结就制作完成啦。

◆ 第三种蝴蝶结

STEP 01

准备好材料，从上至下分别是一颗装饰扣、两条丝带。

STEP 02

采用头尾相接的方式将两条丝带分别拼接成一个圈。

STEP 03

使用手缝将两条丝带头尾相接的地方缝合进行固定。

STEP 04

将两条丝带交叉叠在一起。

STEP 05

在两条丝带重叠的地方使用手缝进行缝合。

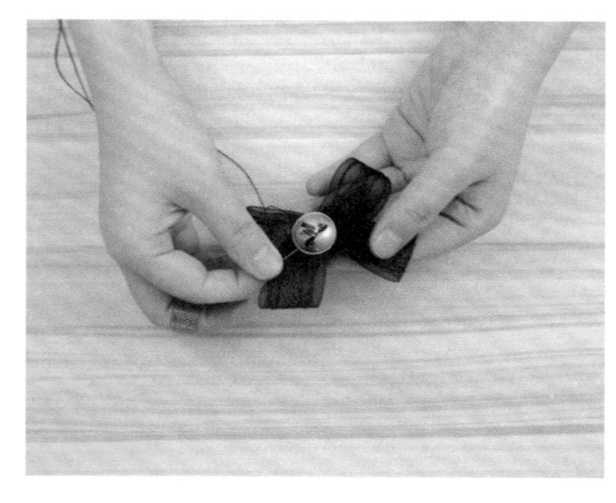

STEP 06

在两条丝带的中间手缝上一颗装饰扣进行装饰。

STEP 07

第三种蝴蝶结就制作完成啦。

8.2

洛丽塔发带的制作

发带是一种头饰，是装饰性比较强的饰品，直接影响着头部的美观程度。本节我们来做一条洛丽塔发带。

STEP 01

准备好材料，包括粘合衬、两种装饰用织带、带孔蕾丝、蕾丝花边、发夹和两块布料。

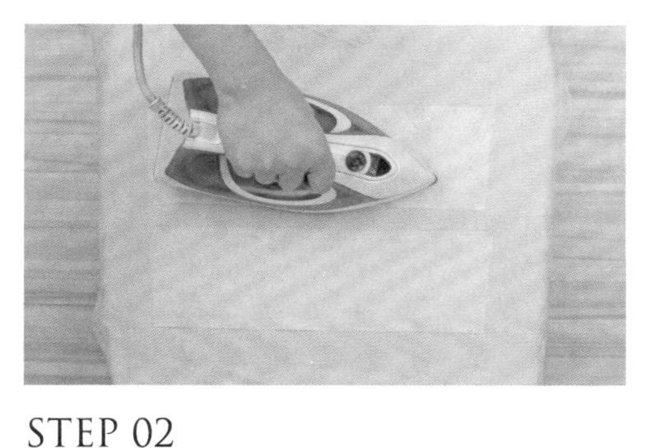

STEP 02

给两块布料都熨烫上粘合衬，使布料更挺括。

Tips

发带是戴在头上的，此处将未贴在头部的一侧称为外侧、贴在头部的一侧称为内侧。

STEP 03

将带孔蕾丝放到外侧布料的中部。

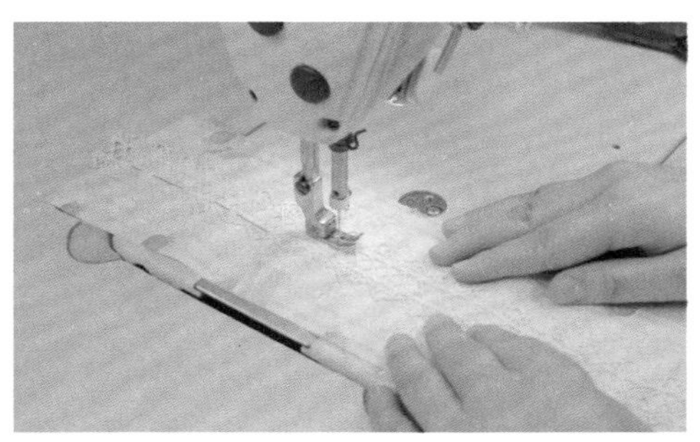

STEP 04

使用缝纫机将带孔蕾丝和外侧的布料缝合固定住。

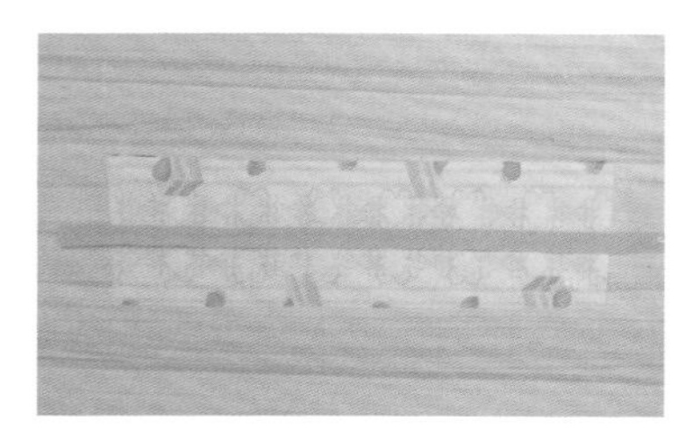

STEP 05

将较宽的装饰用织带放在内侧布料的中部，此织带的主要作用是放发夹，以便将发带固定在头发上。

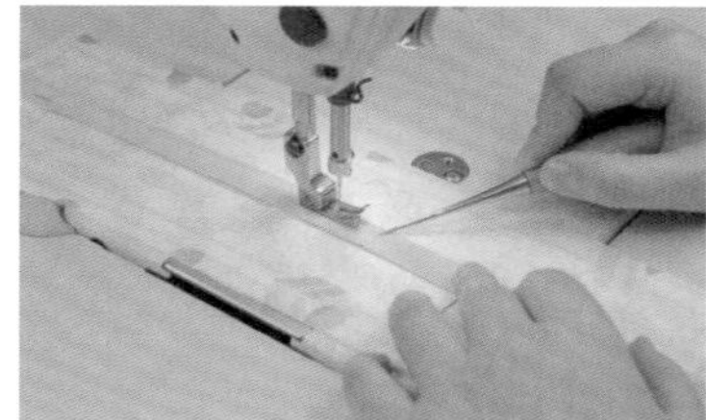

STEP 06

使用缝纫机将装饰用织带缝合固定住，此处要注意在织带两侧距离中心位置1/4处各留一段不缝，用来放发夹。

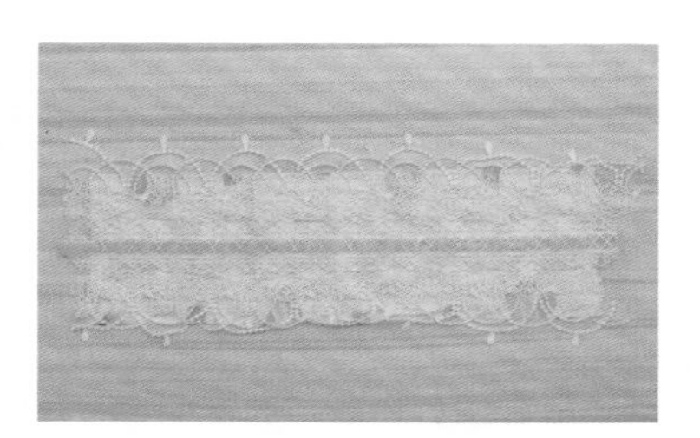

STEP 07

将较细的装饰用织带从装饰在外侧布料的带孔蕾丝中穿过去作为装饰，并在外侧布料两侧加上蕾丝花边作为装饰。

STEP 08

使用缝纫机固定住两侧的蕾丝花边。

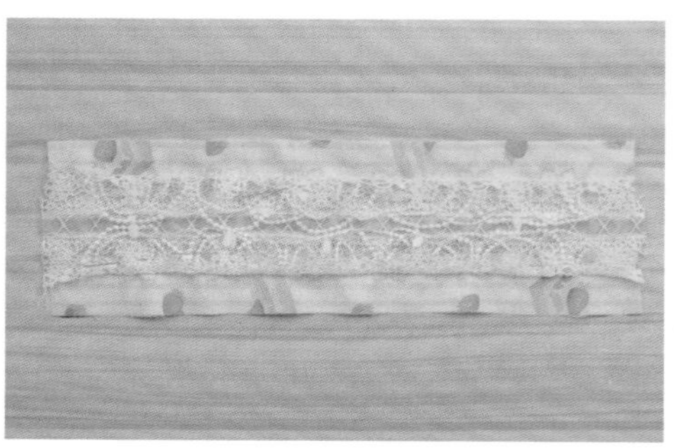

STEP 09

将刚固定好的蕾丝花边往中间翻进去，把布边留出来缝合外侧布料和内侧布料。

STEP 10

将两块布料正面相对，要注意把布边留出来，以免走线时把里面的蕾丝花边也缝住了。

STEP 11

新手可以先用珠针、夹子等辅助工具把上下层布料固定住，以免移位。

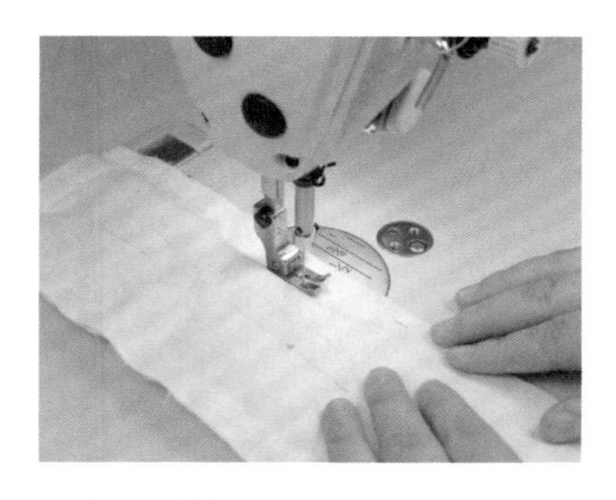

STEP 12

使用缝纫机缝合布料四边，但要留出一小段翻口不缝，以便把里布翻出来，并把缝份藏在里面。

STEP 13

从翻口把布料的正面翻出来，缝份也就藏在里面了。

STEP 14

使用手缝把刚才留的翻口缝起来。

Tips

建议使用手缝是因为手缝的一些针法可以藏住线迹，具体针法可参见本书第 2 章。

STEP 15

按照前面的蝴蝶结教程做出两朵蝴蝶结，并将蝴蝶结和织带加在发带的两侧进行装饰。

STEP 16

整个发带的外形就制作完成啦。

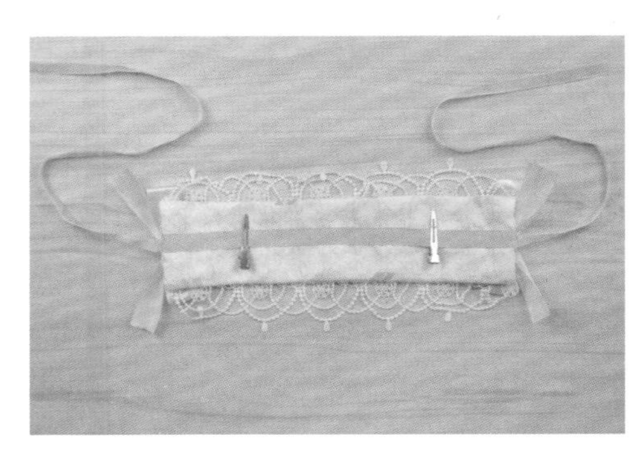

STEP 17

发带的内侧是贴在头发上的，之前贴于内侧布料上的装饰用织带留了一段不缝，这时候就可以把发夹夹进去。这样，发夹夹在头发上时就能固定住整个发带了。

STEP 18

成品。

8.3

洛丽塔颈饰的制作

颈饰有许多种，包括项链、吊坠等，它可以装饰脖颈部位，使脖颈看上去不再那么单调。选择合适的颈饰可以起到画龙点睛的作用，提升我们的整体气质。本节我们就来学习如何制作一条简单的颈饰。

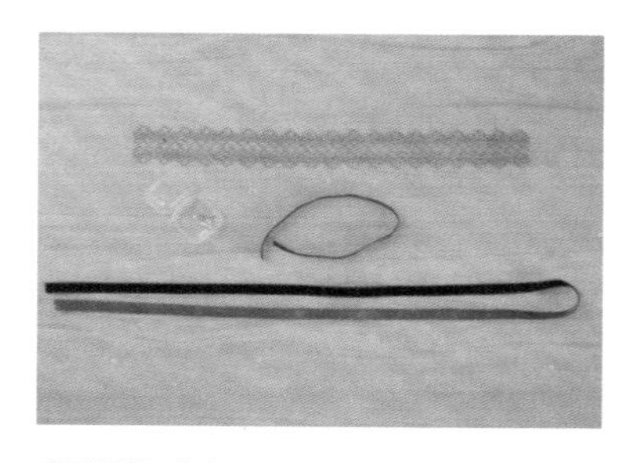

STEP 01

准备好材料，包括带孔蕾丝、长短两条丝绒带和装饰用的珠子。

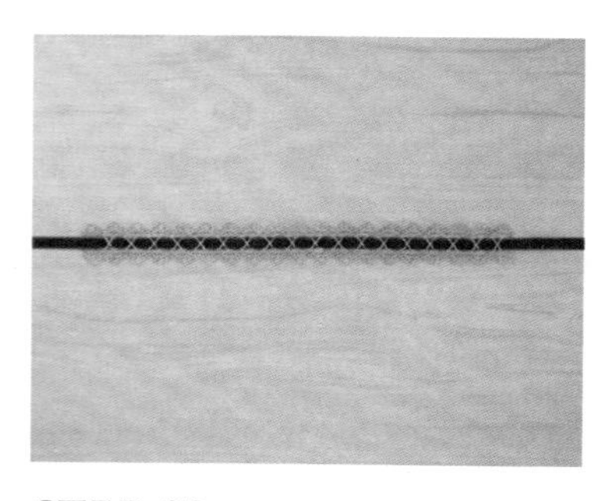

STEP 02

把长丝绒带从带孔蕾丝的中间穿过去。

STEP 03

用短丝绒带做一个蝴蝶结，并用针线固定住。

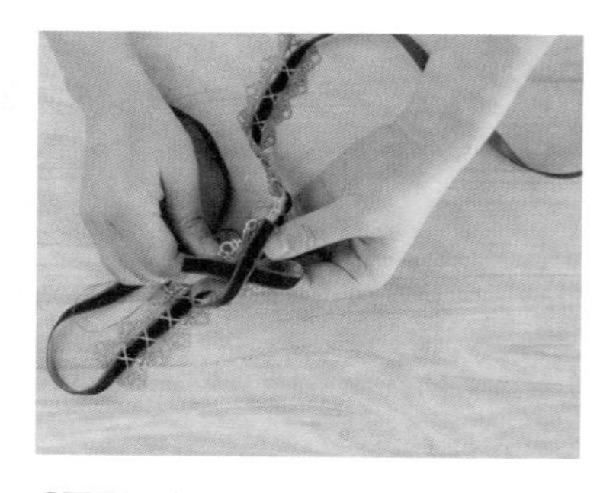

STEP 04

把蝴蝶结用针线固定在做好的蕾丝带上。

STEP 05

把装饰用的珠子缝合上去并固定住。

STEP 06

这条颈饰就制作完成啦。

STEP 07

成品。

8.4

洛丽塔手袖的制作

手袖是戴在手腕部位的装饰物，一般和短袖服装相搭配，多采用蕾丝材质，上面通常还会装饰一些蝴蝶结和小饰品。

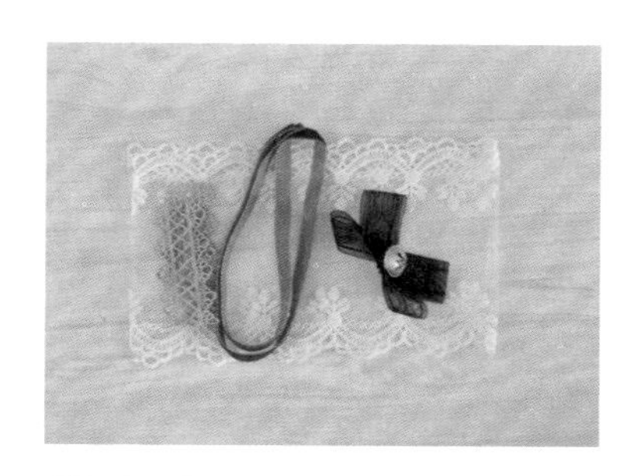

STEP 01

准备好材料，包括蕾丝花边、带孔蕾丝、丝绒带和一个蝴蝶结。

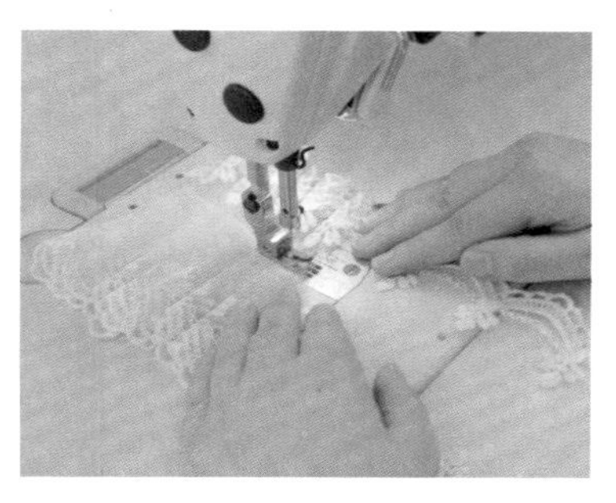

STEP 02

对蕾丝花边进行打褶处理。

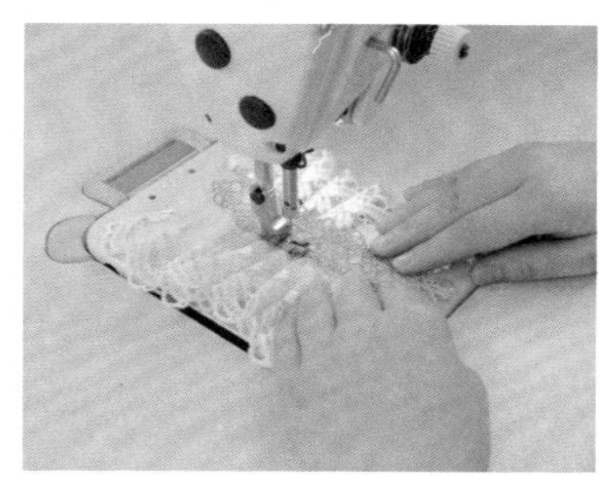

STEP 03

把带孔蕾丝用缝纫机缝合上去。

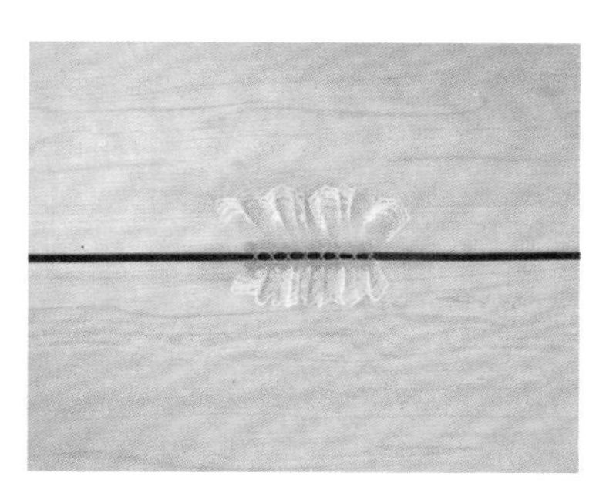

STEP 04

把丝绒带从带孔蕾丝中穿过去。

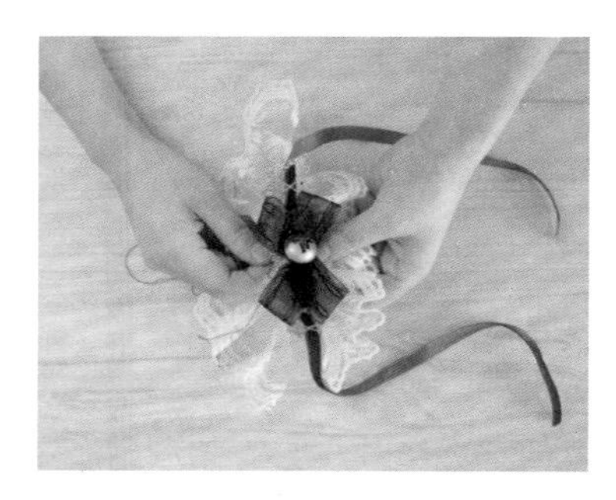

STEP 05

用手缝把蝴蝶结固定在丝绒带和带孔蕾丝上，使它们都缝合固定到一起。

STEP 06

一个简单的手袖就做好啦。

STEP 07

利用丝绒带就可以将手袖绑在手腕部位了。

8.5

中国风手提包的制作

基础款的中国风手提包制作简单，整体上也非常漂亮，可以容纳许多东西。无论是买菜购物用，还是平时上班装随身物品用，它都是很好的选择。

STEP 01

准备好材料，包括一片面布、一片里布、两个长布条（做提手用）、绣花贴。

STEP 02

将面布对折，确定好提手的安装位置，并做好记号。

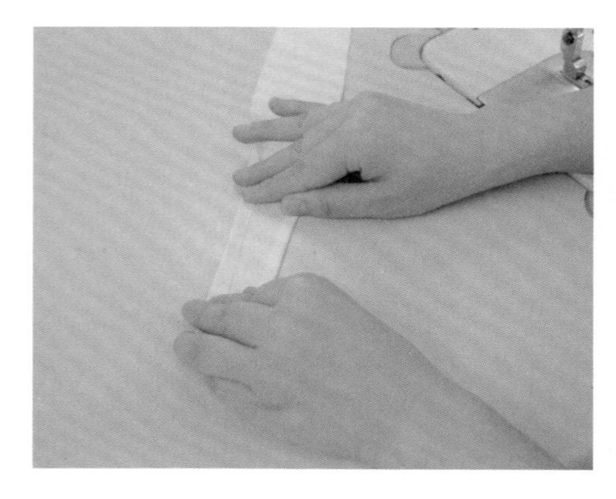

STEP 03

拿出做提手的长布条，将两边向中间折进去一部分。

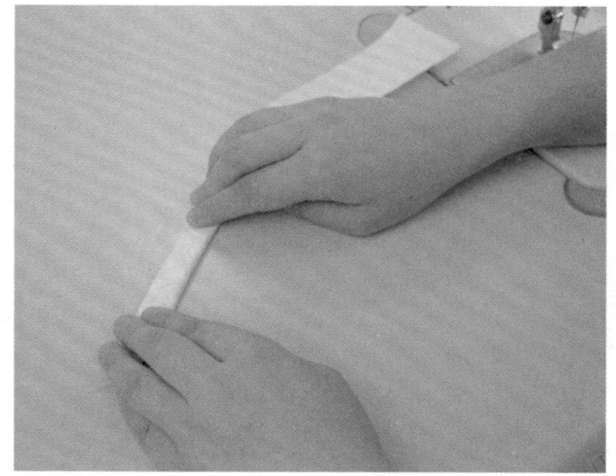

STEP 04

将刚才的长布条沿中线对折，这样缝合后缝份就藏在里面了。

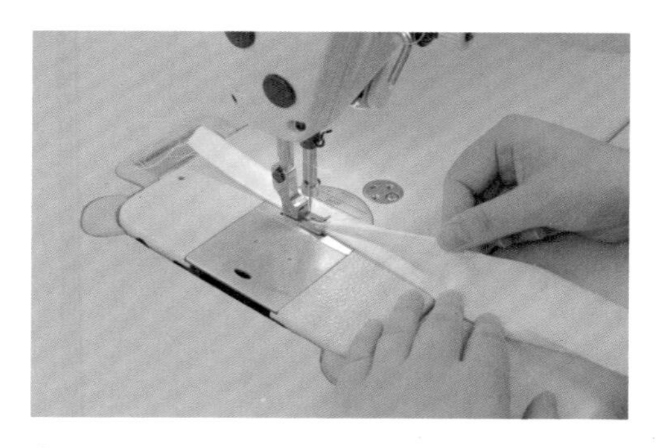

STEP 05

使用缝纫机沿长布条的边缘走线进行固定，这样提手就制作完成了。

STEP 06

用同样的方法做好另外一个提手备用。

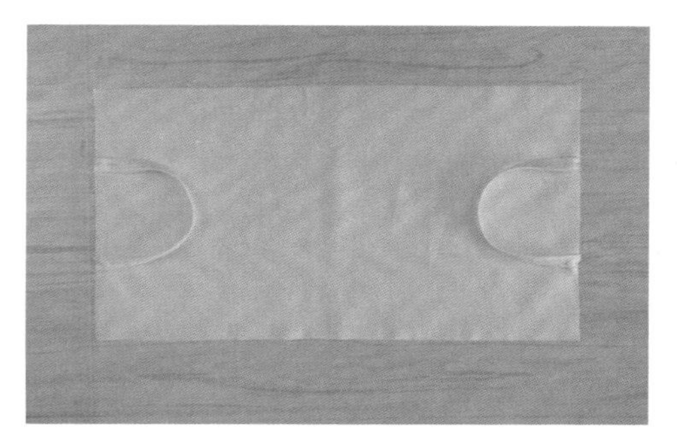

STEP 07

拿出面布，使其正面朝上，并使用珠针将提手固定在预先确定好的位置上。

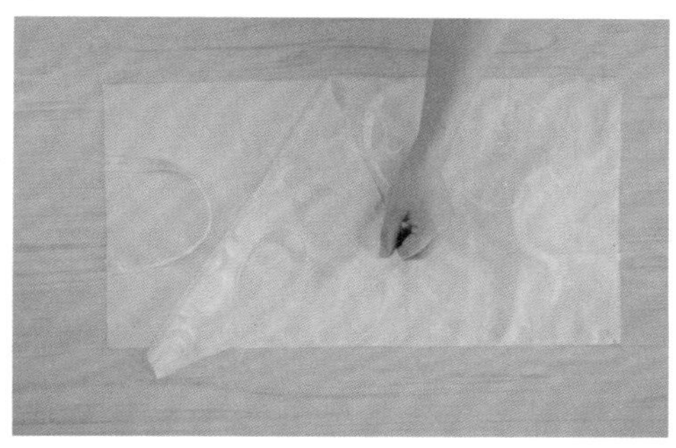

STEP 08

拿出里布，使里布的正面和面布的正面相对，将提手夹在中间。

Tips

里布与面布正面相对，这样等翻过来后各自的正面就朝外了，且能把提手的缝份藏在内部。

STEP 09

新手可用珠针或夹子先将面布和里布固定住，避免缝纫时移位。

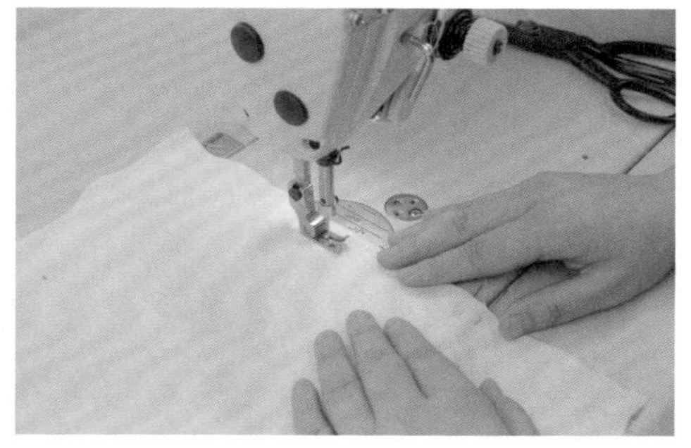

STEP 10

先用缝纫机固定提手所在的两边。

STEP 11

缝好后把面布和里布调整一下，使面布和里布各自正面相对。

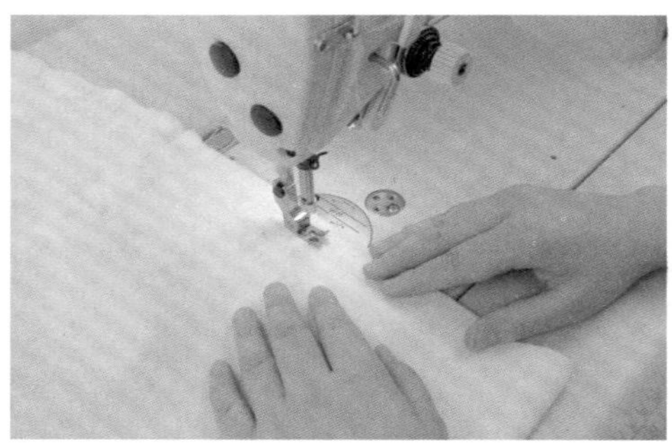

STEP 12

使用缝纫机缝合两边，切记要留一个翻口，以便将面布和里布的正面翻出来。翻口要留在里布的一侧，因为里布即使翻出来也还在手提包的内侧，封口时就算有线迹也无所谓。

STEP 13

在做手提包的底部时，先从底部往上确定一段距离，距离越大，底部就越宽。

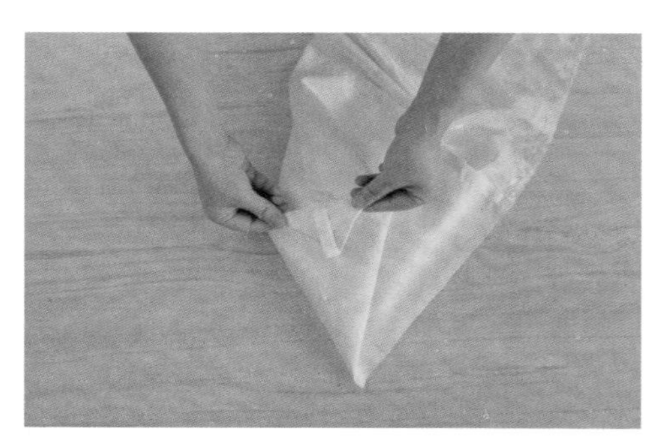

STEP 14

沿确定的线向下折叠出一个小三角，并用珠针固定好。

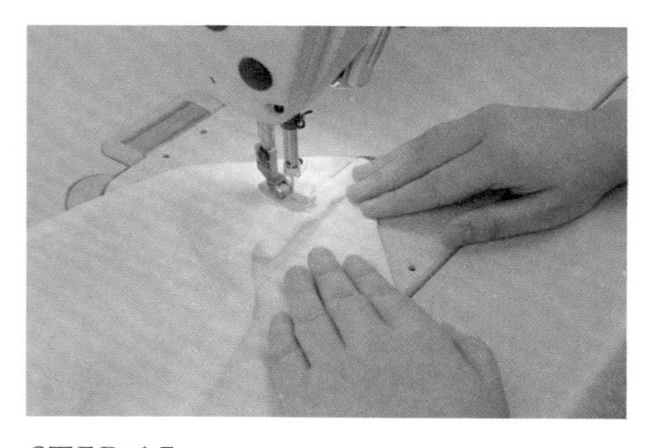

STEP 15

使用缝纫机走线固定住这条线。

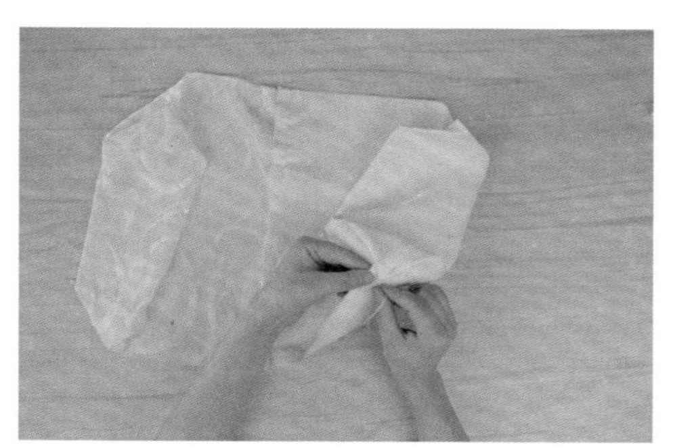

STEP 16

对面布和里布的4个角都进行同样的处理，之后可用手缝把小三角固定在侧边的缝份上，以免它滑动。

STEP 17

固定好4个角。

STEP 18

把手提包的正面从刚才留的那个翻口处翻出来。

STEP 19

一个有平底的手提包就基本成型了。

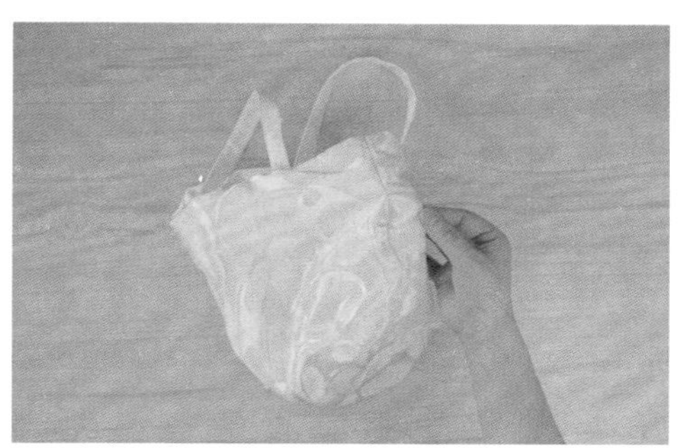

STEP 20

找到里布的翻口处，准备进行封口。

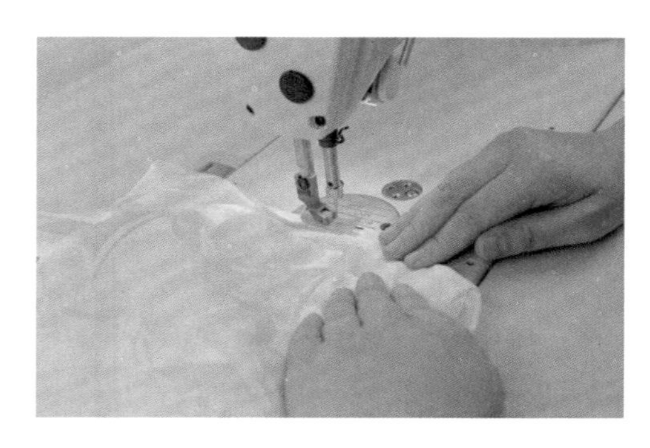

STEP 21

可以使用缝纫机直接走线进行缝合。

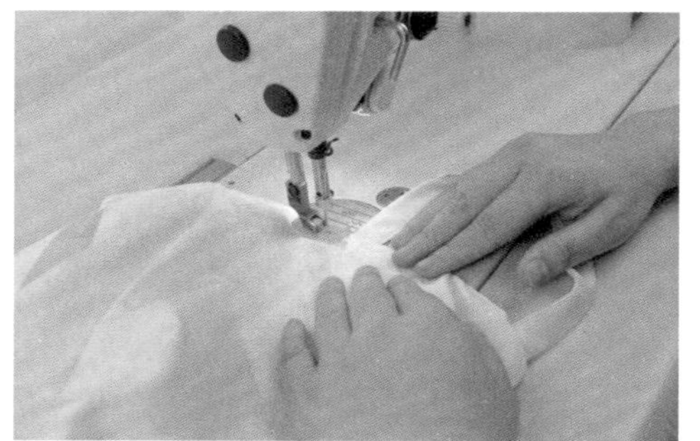

STEP 22

在手提包上方提手往里一点的位置再车一条线进行固定，以免此处的里布往外翻。

STEP 23

把绣花贴摆放到喜欢的位置上。

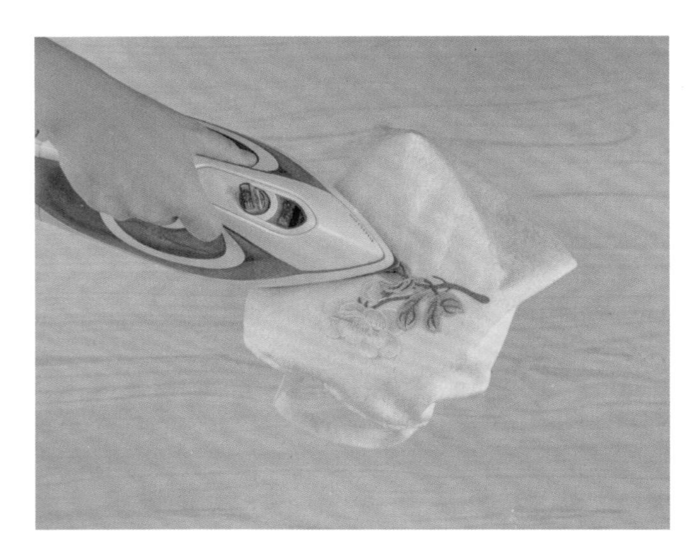

STEP 24

一些绣花贴的背部自带胶，使用熨斗即可将其压烫在布料上，但还是建议沿绣花贴的边缘缝一条线进一步进行固定。

STEP 25

一个漂亮的中国风手提包就制作完成啦。

对襟上襦的制作

本章介绍对襟上襦的制作。对襟上襦剪裁比较简单，做法也不复杂。本章介绍制作的对襟上襦可以和下一章要制作的齐腰襦裙配成一套。

9.1

尺码表和布料预估用量

尺码	适合身高 / 胸围	胸围	衣长	通袖长	预估用量
S	155/80cm	93cm	60.5cm	147cm	1.5m
M	160/84cm	97cm	63cm	152cm	1.6m
L	165/88cm	101cm	65.5cm	157cm	1.7m
XL	170/92cm	105cm	68cm	162cm	1.7m

注：预估用量基于幅宽为 150cm 的满印花布料。

9.2

缝制前的准备

①准备好剪刀、熨斗、珠针、高温气消笔或画粉、粘合衬、翻带器和缝纫机等工具。

②准备好一块适合做汉服的布料，布料可以是雪纺、棉麻或真丝等材质，布料图案最好偏中国风，以能突出汉服文化的元素为主。

③取出书后附带的纸样，最好按自己的尺码复制一份使用。由于是多码合一，为了使线条不会太乱，纸样上没有设置缝份。读者需要自己设置 1cm 左右的缝份。下摆处要三折边收边，可以设置 2.5cm 左右的缝份。

9.3

对襟上襦的裁剪与缝纫

STEP 01

沿纸样的外轮廓裁剪出纸样备用。

Tips

本图裁剪的纸样是直接打印的，已经设置了缝份，书后附带的纸样需要读者自行设置缝份。

STEP 02

得到衣片、袖片和领条3块纸样。

Tips

注意纸样上符号的意思，可参见本书5.2节“学会看懂服装纸样”。

STEP 03

拿出准备好的布料。做汉服的布料最好选用图案偏中国风的，会缩水的布料注意要先过水。

STEP 04

熨烫并整理布料，使布料平整，这样裁剪时才不会出问题。

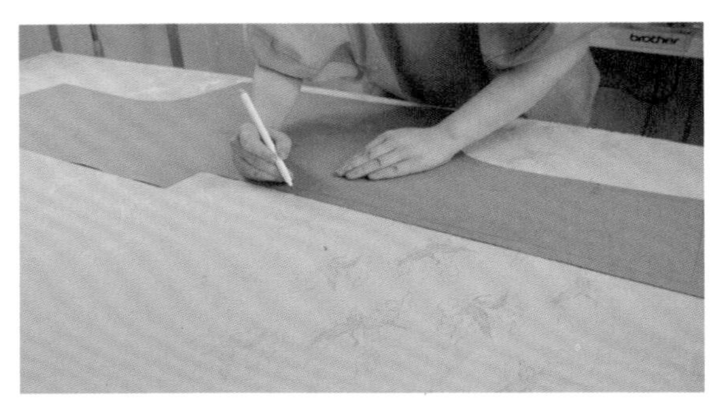

STEP 05

使用高温气消笔或画粉将纸样的轮廓画到布料上。

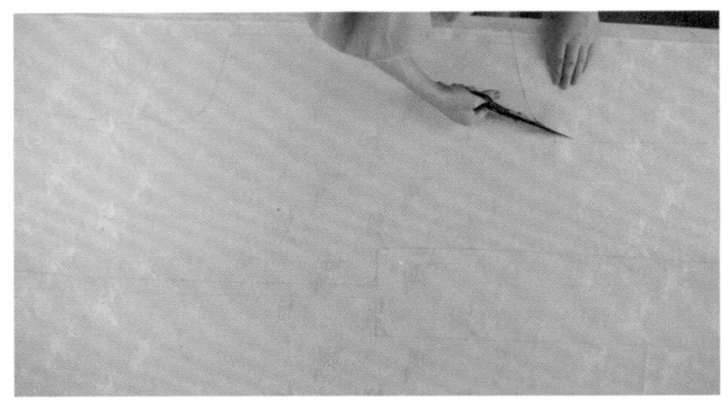

STEP 06

按照画上去的轮廓对布料进行裁剪。

STEP 07

得到左右对称的衣片各1片（共2片），左右对称的袖片各1片（共2片），以及领条1片。

Tips

要注意双层半圆符号的意思，可参见本书5.2节“学会看懂服装纸样”。

STEP 08

将袖片宽的一边和衣片的对应位置对齐，准备进行缝合。

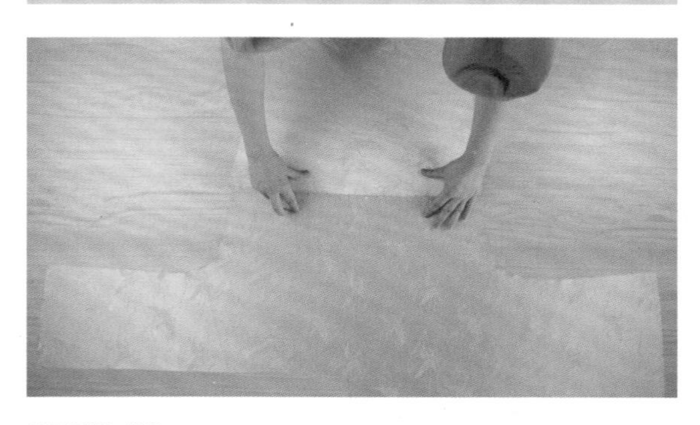

STEP 09

将袖片宽的一边和衣片进行缝合。

STEP 10

将两块布料正面相对进行缝合，这样将布料的正面翻出来后，缝份就留在内部了。如果想缝得更牢靠，可以使用锁边机锁边，或使用来去缝的工艺。

Tips

来去缝是在一种一定程度上可以代替锁边机的缝型，具体方法请参见本书6.4节“来去缝”。

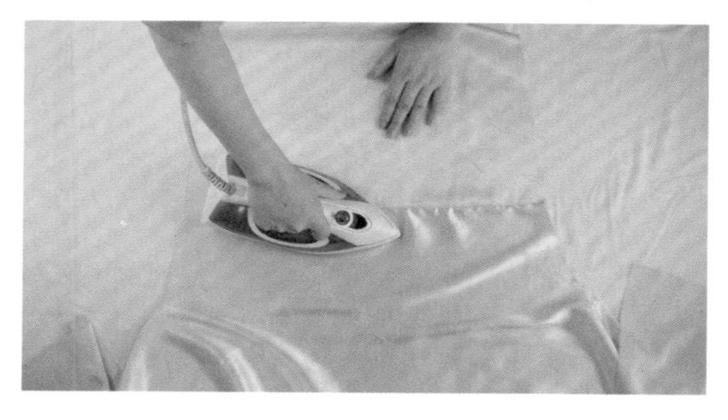

STEP 11

缝好以后熨烫缝份，使之平整。

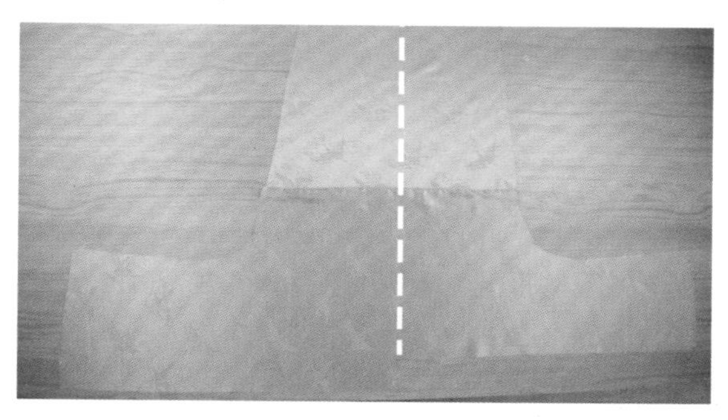

STEP 12

完成接袖后，沿肩缝（图中白色线）对折过去。

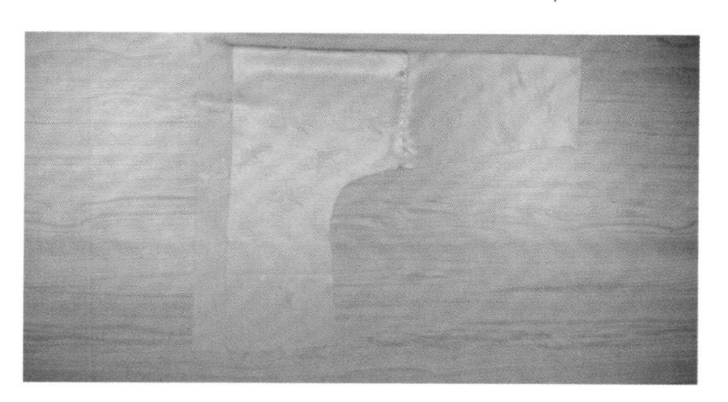

STEP 13

对折之后就得到了半边制作好的上襦。

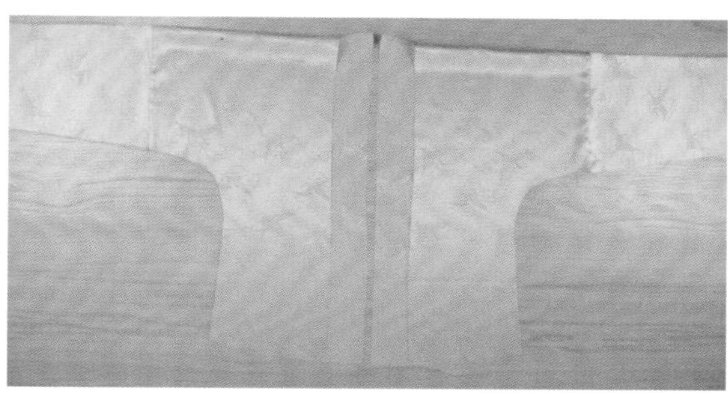

STEP 14

另外一半上襦也用同样的方法制作好。

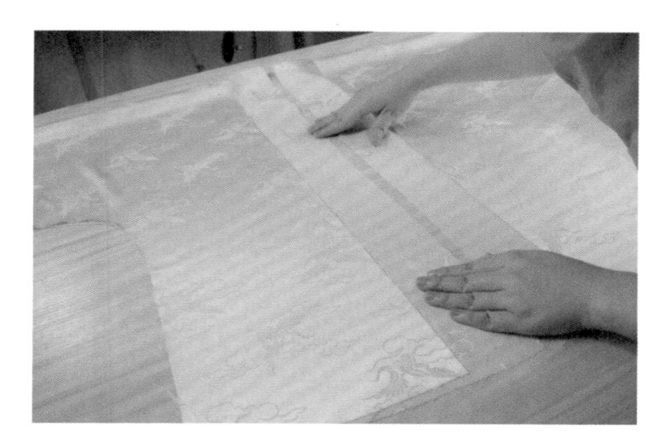

STEP 15

将左右两份上襦的后中线对齐，准备进行缝合。

STEP 16

在缝合后中线之前，我们可以先把左右下摆开衩的位置定出来，这样在缝合后中线的时候可以把袖口到开衩的部分也缝合了。开衩的位置一般定在离下摆12cm处。

STEP 17

将衣片正面相对，从袖口缝到下摆开衩处，同时缝合后中缝。

Tips

注意缝合时衣片要正面相对，这么做的目的是将缝份留到内部，从而使外部看上去更美观。

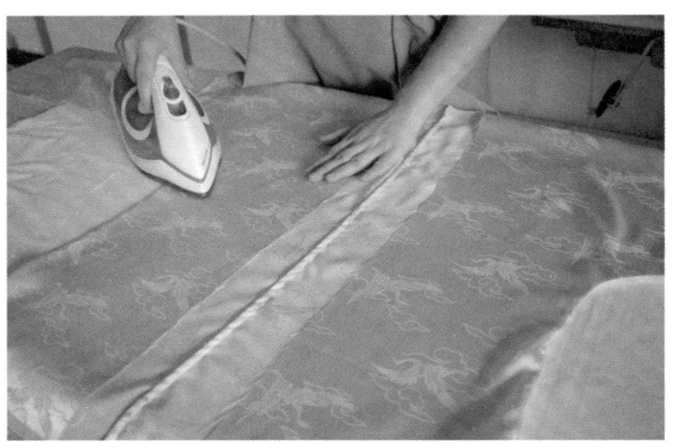

STEP 18

缝合完后中线和侧边的样子，再用熨斗将缝份熨烫平整。

Tips

如果腋下有弧线的部分的缝份有皱起的现象，可以通过修剪缝份的方式使其平整。

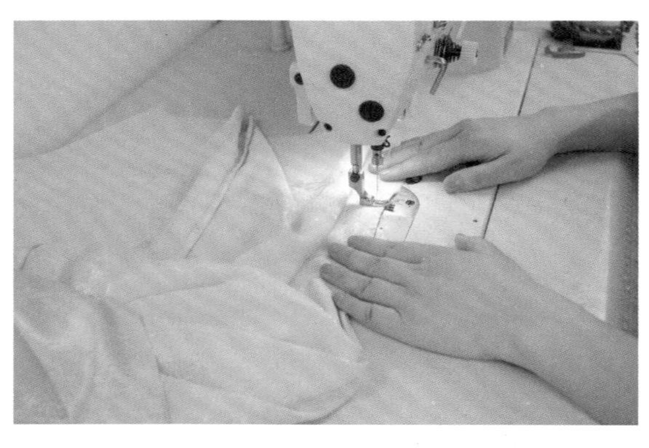

STEP 19

在下摆开衩处横向走几针固定一下，也可用手缝固定，避免此处脱线。

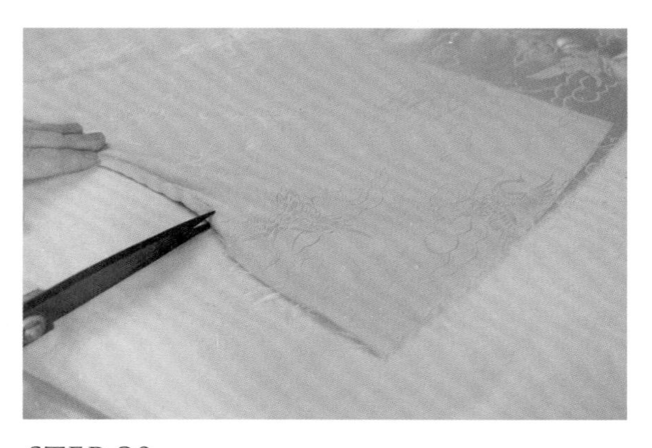

STEP 20

在下摆开衩处打剪口到缝线的位置，做好将开衩以下部分的缝份往里折进去的准备 。

Tips

开衩以上部分已经作为缝份缝进去了，开衩以下部分会分别折进去并缝合起来，以防止脱线并使上襦外表美观。

STEP 21

把开衩以下部分的缝份折进去，熨烫后用珠针固定。

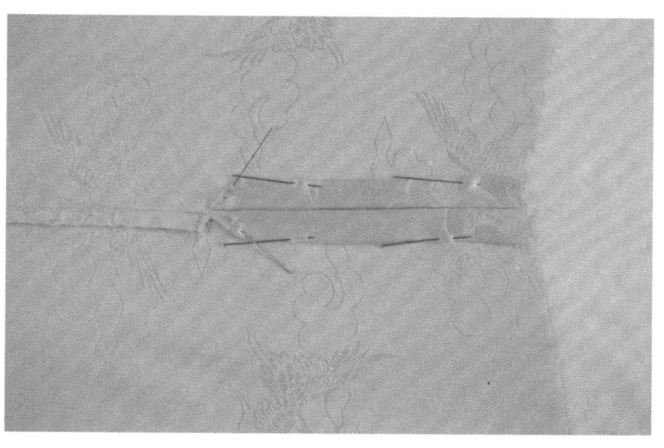

STEP 22

将缝份再次往内折，并将开衩顶端折成三角形。

Tips

这样能进一步防止脱线，也能使这部分布料更加硬挺。

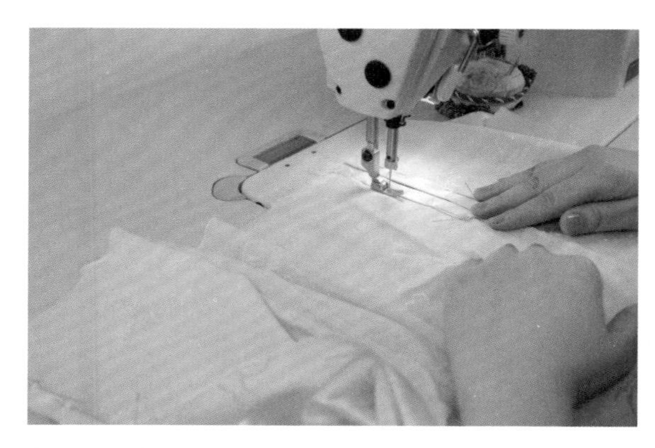

STEP 23

缝合并固定开衩以下的部分，完成对下摆的处理。

STEP 24

将袖口向内折两次，新手折完以后可以使用珠针固定 。

Tips

此处也采用三折边的处理方法，能进一步防止脱线，也能使这部分布料更加硬挺。对衣服下摆进行处理时也将使用此方法。

STEP 25

使用缝纫机缝合袖口。

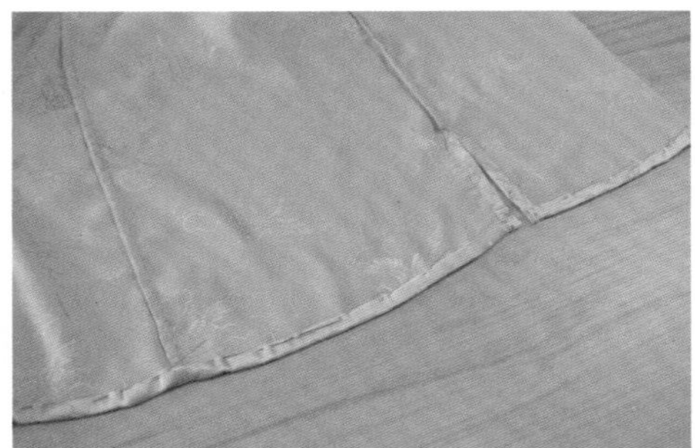

STEP 26

将衣服的下摆内折两次，并使用珠针固定住。

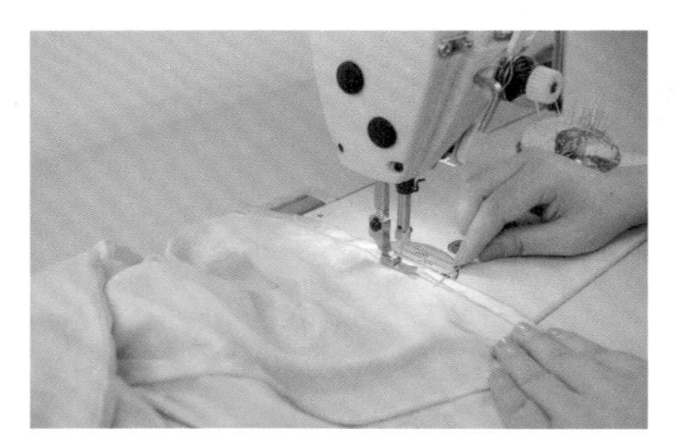

STEP 27

使用缝纫机走线，固定住衣服的下摆。

STEP 28

给领条熨烫好粘合衬，并将缝份折进去，把领条的形状熨烫出来。

Tips

粘合衬是服装制作中经常用到的辅料之一，当我们想让布料达到挺括的效果时，就可以给它加一层粘合衬；或者在布料太滑时，我们可以熨烫上粘合衬来固定住它。具体方法参见本书 7.3 节“粘合衬的熨烫方法”。

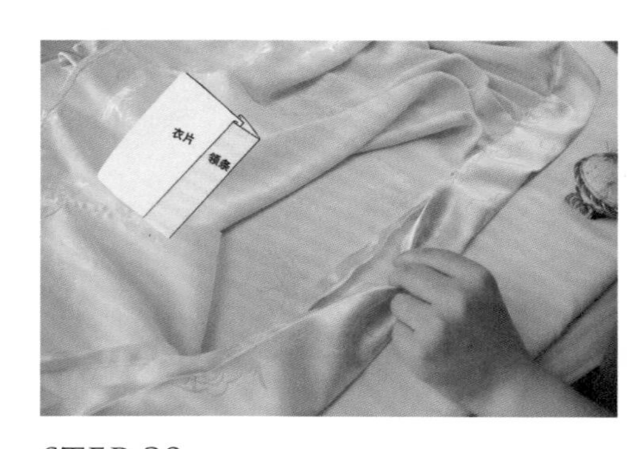

STEP 29

用领条包住衣片，建议用珠针先固定住位置。

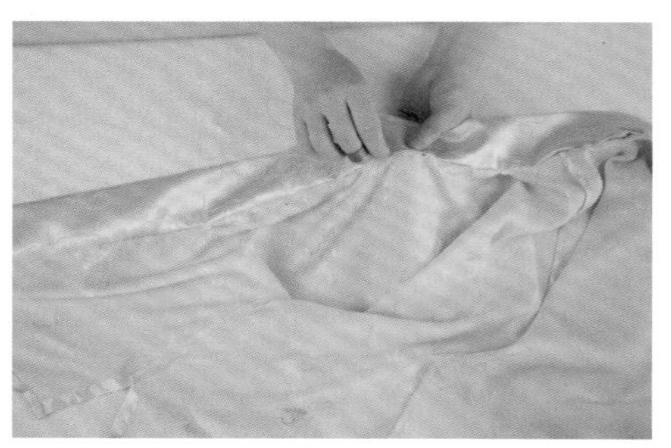

STEP 30

可以使用缝纫机直接缝合并固定住领条，但此处为了隐藏线迹，采用了手缝的方式。

STEP 31

准备两个系带布条，尺寸大约为4cm × 25cm，也可按自己的喜好调整布条尺寸。

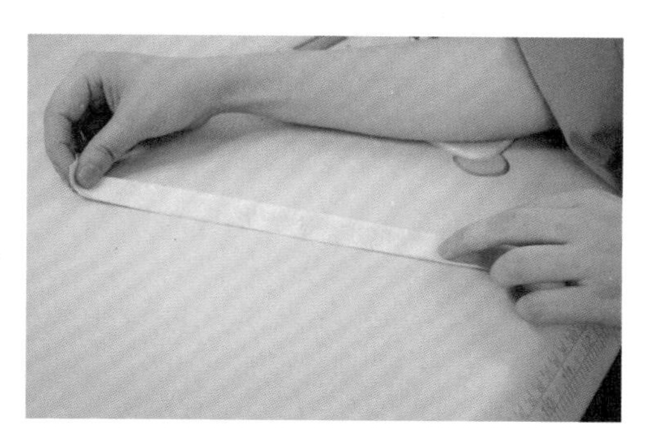

STEP 32

使系带布条正面相对，并沿长边进行折叠。

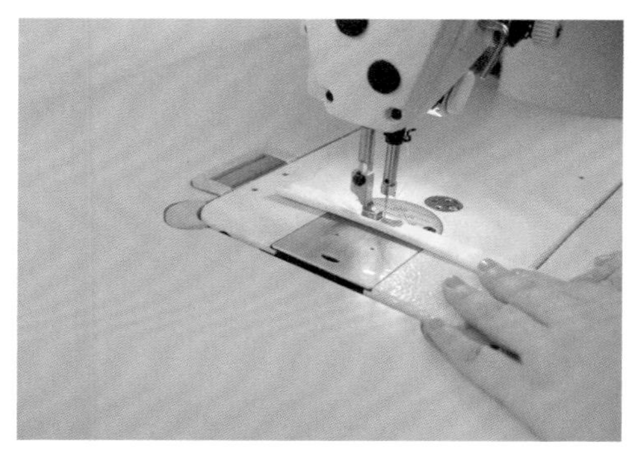

STEP 33

对长边和一侧短边进行缝合，将另一侧短边留作翻口。

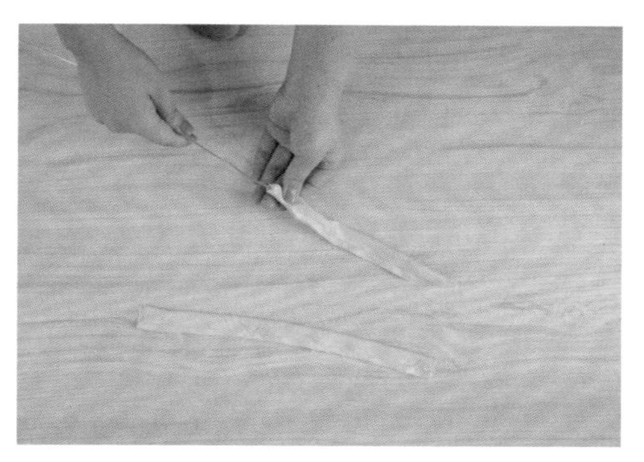

STEP 34

使用翻带器等长条状的小工具，将系带布条的正面翻转出来。

Tips

因为要让缝份藏在内部，使外表看起来美观，所以缝制时布料基本都是正面相对的，缝制后布料的反面在外面，然后将正面翻出来即可。

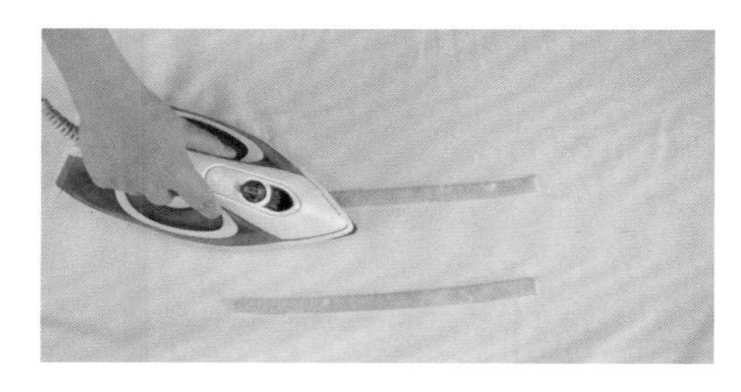

STEP 35

将系带布条熨烫平整，使其显得更美观。

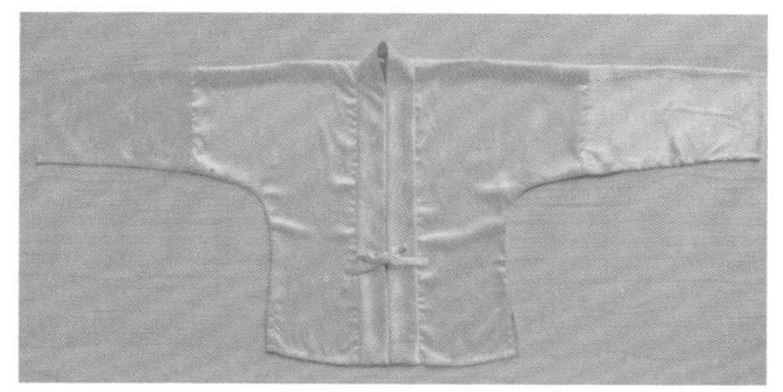

STEP 36

将系带布条放到合适的位置，这件对襟上襦就制作完成啦。

9.4 模特展示

第10章
CHAPTER 10

齐腰襦裙的制作

齐腰襦裙是襦裙的一种，其制作比较简单，主要涉及烫褶子和做裙头。本章介绍的是制作一条齐腰襦裙，可以和上一章介绍制作的对襟上襦配成一套。

10.1 尺码表和布料预估用量

尺码	适合身高	裙长	裙头宽	预估用量
S	155cm	93cm	120cm	2.6m
M	160cm	97cm	120cm	2.6m
L	165cm	101cm	120cm	2.7m
XL	170cm	105cm	120cm	2.8m

注：预估用量基于幅宽为 150cm 的满印花布料，如果是横向单边定位花，则用量等同于裙摆，也就是 3 米。

10.2 缝制前的准备

①准备好剪刀、熨斗、珠针、高温气消笔或画粉、粘合衬、翻带器和缝纫机等工具。

②准备好一块适合做汉服的布料，布料可以是雪纺、棉麻或真丝等材质，布料图案最好偏中国风，以能突出汉服文化的元素为主。

③取出书后附带的纸样，最好按自己的尺码复制一份使用。由于是多码合一，为了使线条不会太乱，纸样上没有设置缝份，读者需要自己设置 1cm 左右的缝份。

④为了避免每个尺码的腰围不一样造成的裙子宽度不一样，使书后附带的纸样太乱，这里的每个尺码都是按腰围 80cm、裙头 120cm 算的；如果腰围比这个大或者小，读者自己增加或减少一些裙子即可。

10.3

齐腰襦裙的裁剪与缝纫

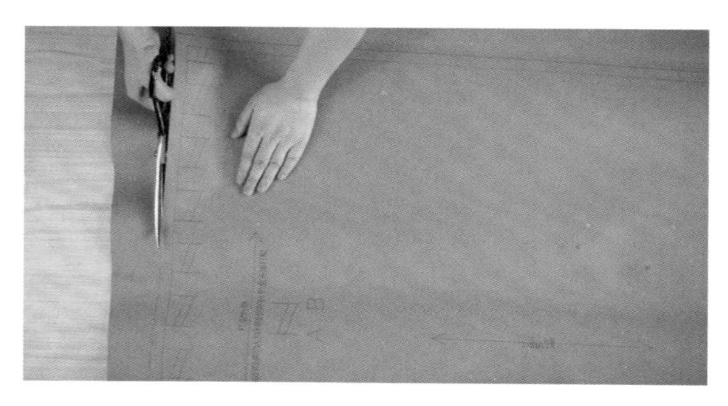

STEP 01

沿纸样的外轮廓进行裁剪。

Tips

本图裁剪的纸样是直接打印的，已经设置了缝份，书后面附带的纸样需要读者自行设置缝份。

STEP 02

裁剪得到的纸样。

Tips

注意纸样上符号的意思，可参见本书 5.2 节“学会看懂服装纸样”。此处系带要裁 1.5m 长，纸样上已做了标识。

STEP 03

拿出准备好的布料。布料最好选用图案偏中国风的，会缩水的布料注意要先过水。

STEP 04

熨烫并整理好布料，以免裁布时有褶皱。

STEP 05

用高温气消笔或画粉将纸样的轮廓画到布料上，以备裁剪。

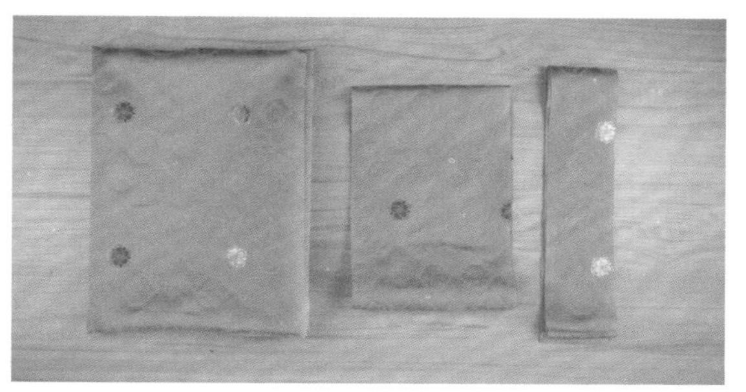

STEP 06

按照画出的轮廓裁出裙片、裙头和系带的布料。

Tips

需要裁出裙片 2 片，裙头 1 片及 1.5m 长的系带 2 条。要注意双层半圆符号的意思，可参见本书 5.2 节"学会看懂服装纸样"。

STEP 07

拼合裁出的2片裙片（如果布料长度够，可直接裁成1片，这样做时，此步及后3步可省略）。

STEP 08

使用来去缝的工艺，将2片裙片反面相对并进行平缝。

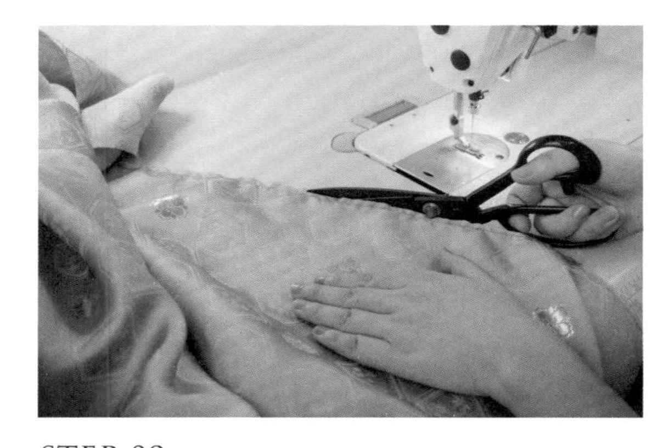

STEP 09

缝好后把缝份修剪得窄一些。

STEP 10

沿缝好的一边将布料翻过来，使布料正面相对，这样就把缝份包在里面了。沿缝份再平缝一次，缝好后翻到正面，这块缝份也同样包在里面了。

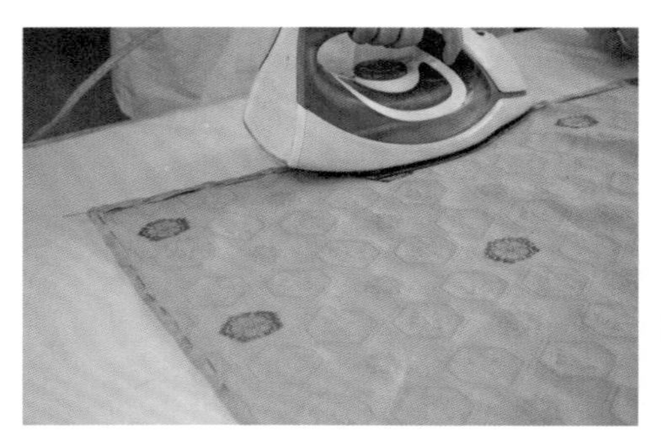

STEP 11

把除裙头之外的其他3边通过三折边折进去，熨烫后用珠针固定好。

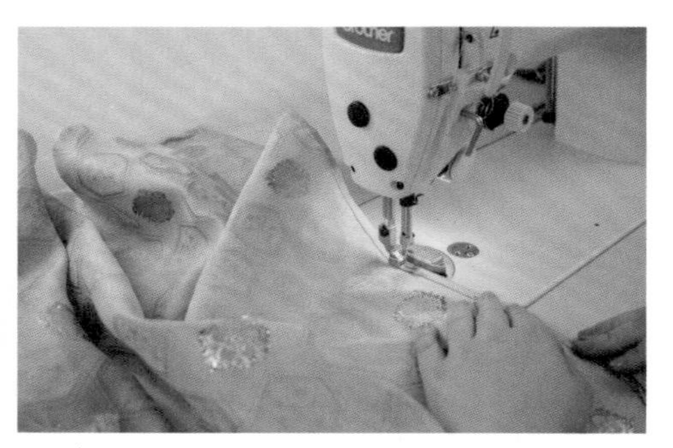

STEP 12

使用缝纫机缝合固定好这3边。

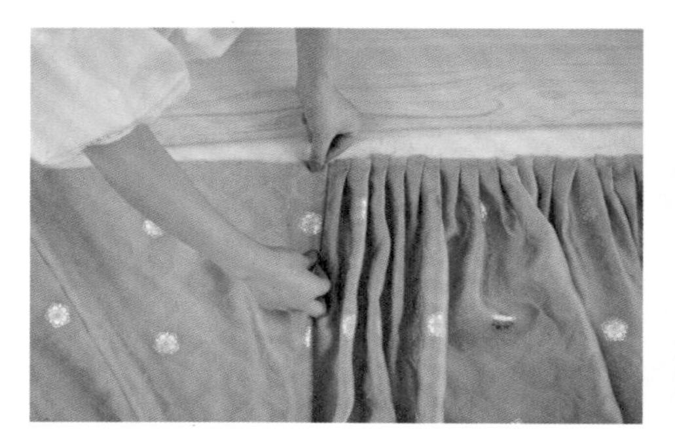

STEP 13

按照纸样上或自己计算的褶子距离，对裙片进行抽褶，并用珠针固定好。

Tips

抽褶方法可参见本书 7.6 节“顺褶与工字褶”。

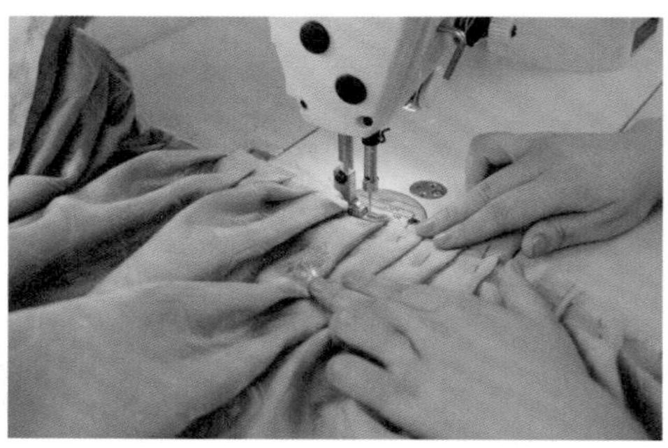

STEP 14

用缝纫机固定住裙腰处抽好的褶子，以便后续使用。

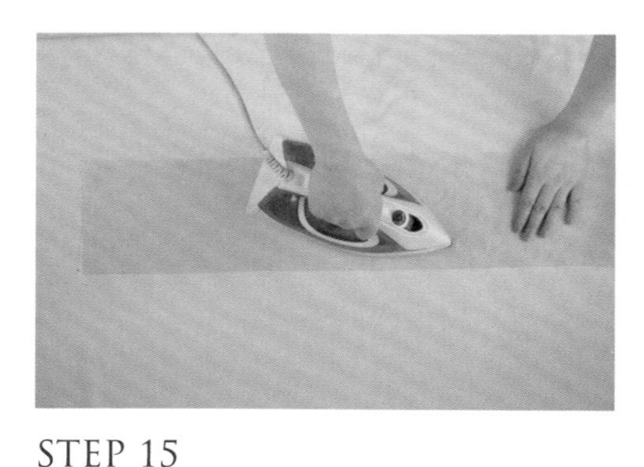

STEP 15

拿出裙头的布料，给它烫一个粘合衬，增加它的挺括度。

Tips

烫粘合衬的方法可参见本书 7.3 节“粘合衬的熨烫方法”。

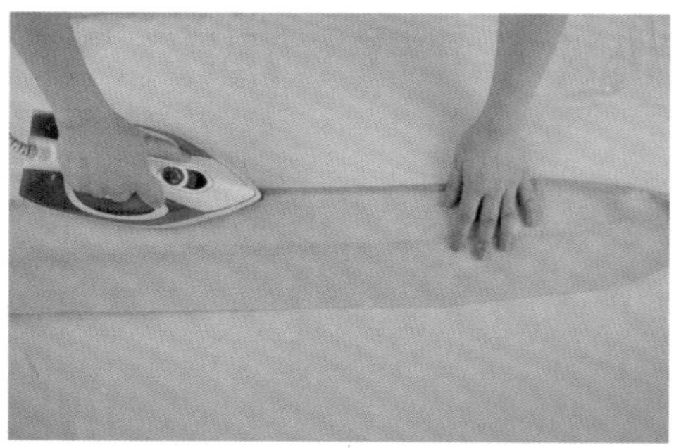

STEP 16

把裙头的缝份向内折进去，并用熨斗熨烫好。

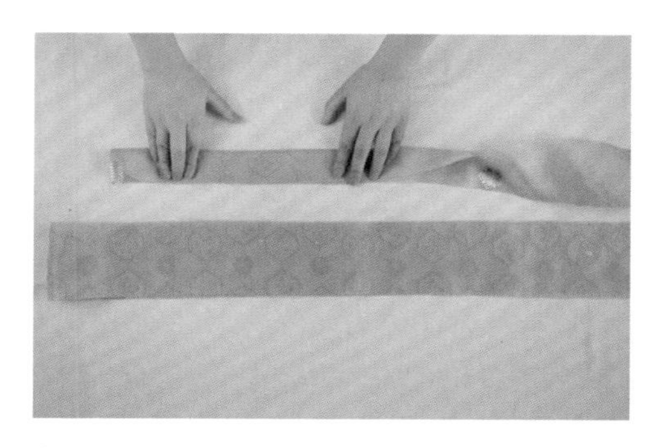

STEP 17

再拿出裁剪好的系带布料，正面相对地折叠。

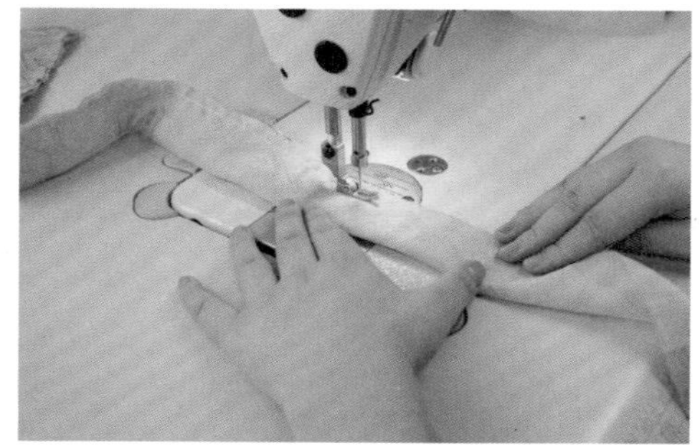

STEP 18

用缝纫机缝合对折后的长边和一侧短边，另外一侧短边不缝，留作翻口。

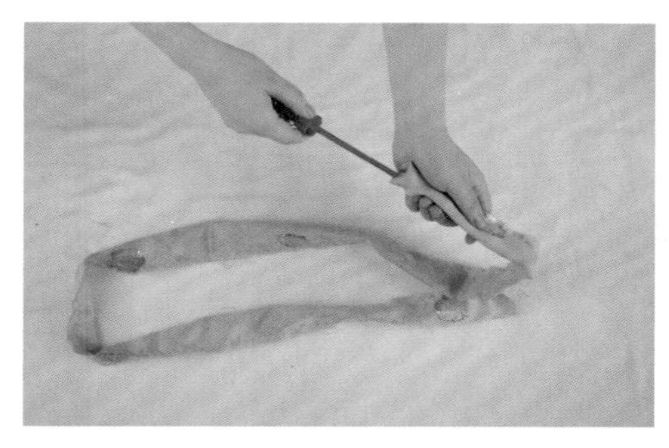

STEP 19

使用翻带器等长条状的小工具，将系带正面从翻口翻到外面。

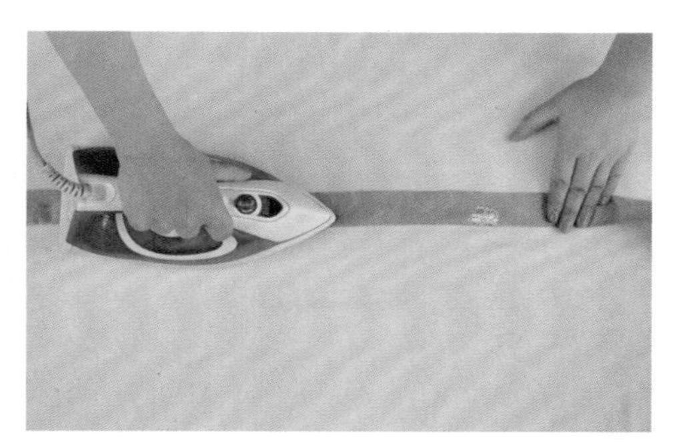

STEP 20

使用熨斗将系带熨烫平整。

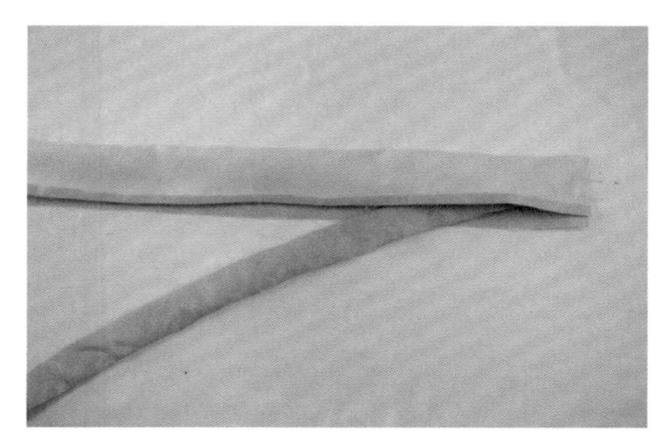

STEP 21

将刚才熨烫好的裙头正面相对地折叠，两头分别把两条系带开口的那一头夹在中间。

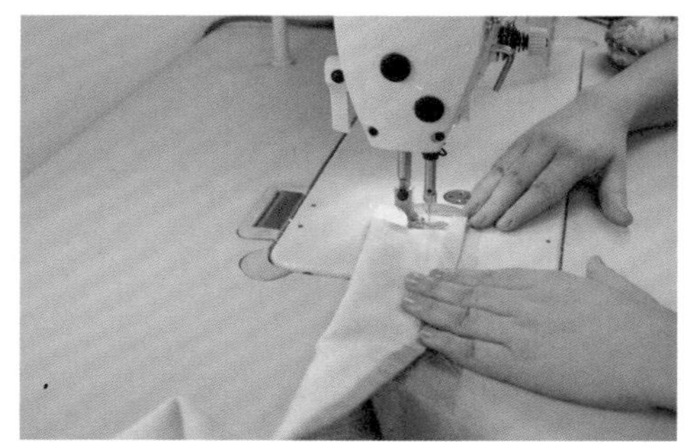

STEP 22

缝合固定裙头和系带，对另一头进行同样的操作。

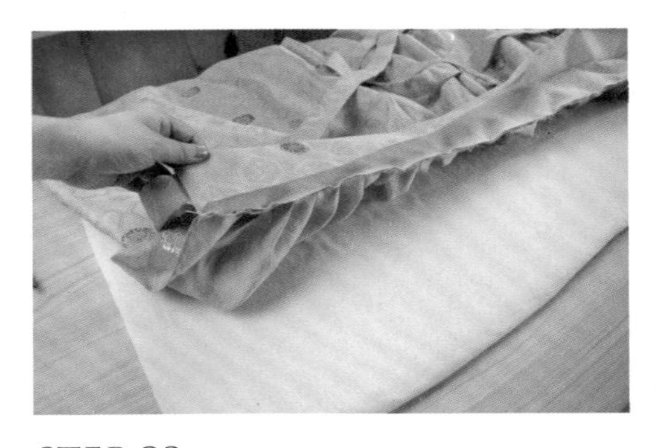

STEP 23

用珠针或通过手缝将裙片的裙腰和裙头处的缝份稍微固定住，以方便下一步将缝份藏在裙头内部，使裙头更美观。

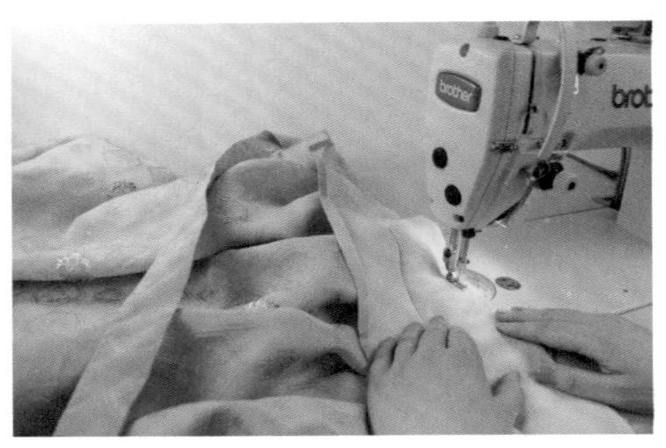

STEP 24

使用缝纫机将裙腰和裙头处的缝份缝合到一起。

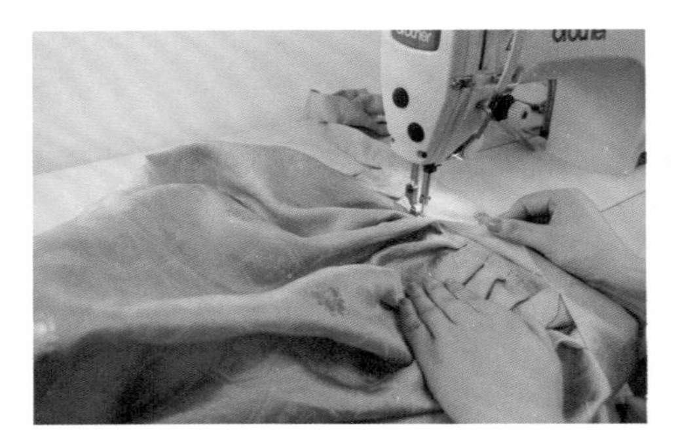

STEP 25

把裙头的另一侧翻过来盖上去，此时缝份是折进去的。

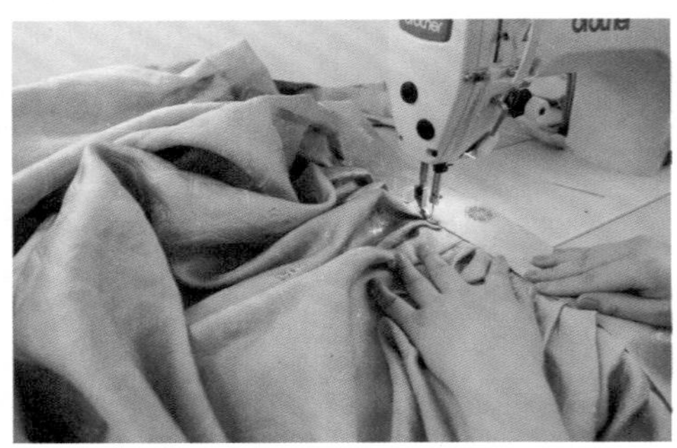

STEP 26

把裙头和裙片缝合起来。

STEP 27

按之前抽褶的方向整理好褶子，用熨斗熨烫好每条褶子。

STEP 28

齐腰襦裙就制作完成啦。

10.4

模特展示

基础款洛丽塔小裙子的制作

本章我们来学习做一条基础款的洛丽塔小裙子。所谓基础款，就是没有特殊裁剪和烦琐装饰的款式，比较适合日常穿着，同时其结构简单，新手容易理解，做起来也要简单些。

11.1

尺码表和布料预估用量

尺码	适合身高 / 胸围	胸围	腰围	衣长	预估用量
S	155/80cm	88cm	68cm	76cm	1.5m
M	160/84cm	92cm	72cm	79cm	1.5m
L	165/88cm	96cm	76cm	82cm	1.6m
XL	170/92cm	100cm	80cm	85cm	1.7m

注：衣长数据不包括吊带长度，预估用量基于幅宽为 150cm 的满印花布料，不包含罩裙的用量。

由于该裙子背后是橡筋结构，所以裙子的胸围和腰围都是可以调节的。

洛丽塔小裙子会经常用到双边和单边定位花布料，双边定位花布料的用量和满印花布料的用量差不多，单边定位花布料的用量则等同于裙摆的用量。关于这部分的问题可参见 4.4 节中的“单边定位花与双边定位花”和 5.3 节中的“布料的排料”。

11.2

缝制前的准备

①准备好剪刀、熨斗、珠针、画粉或高温气消笔、粘合衬、翻带器、穿带器和缝纫机等工具。

②准备好一块适合做洛丽塔的布料，布料可以是各种涤纶、棉麻或真丝等材质，布料图案根据洛丽塔的风格进行选择，比如甜美、哥特、田园、中国风等，以能突出服饰所要表达风格的元素为主。一般有专门的店卖具有这类图案的布料，大家可以按自己的需求和审美进行选择。同时要准备好足够的里布。

③准备好蕾丝、织带、橡筋等辅料，用来装饰和搭配。

④取出书后附带的纸样，最好按自己的尺码复制一份使用。由于是多码合一，为了使线条不会太乱，纸样上没有设置缝份，读者需要自己设置 1cm 左右的缝份。下摆处要通过三折边进行收边，可以设置 2.5cm 左右的缝份。

11.3

洛丽塔小裙子的裁剪与缝纫

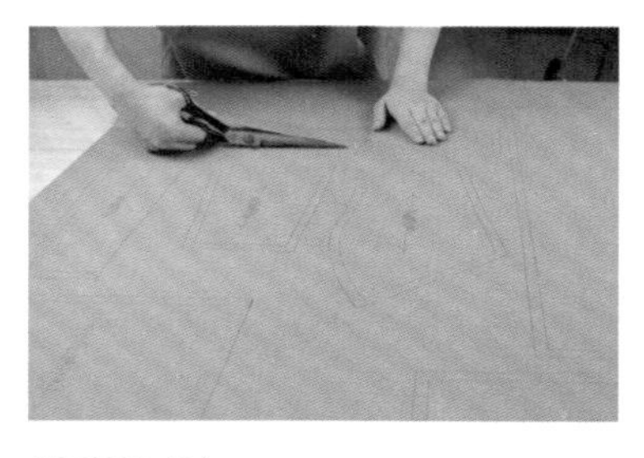

STEP 01

沿纸样的外轮廓进行裁剪。

Tips

本图裁剪的纸样是直接打印的，已经设置了缝份，书后面附带的纸样需要读者自行设置缝份。

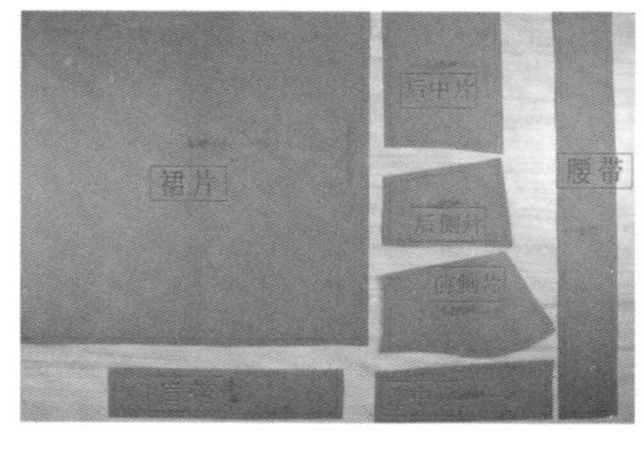

STEP 02

裁剪得到的纸样。

Tips

注意纸样上的符号的意思，可参见本书5.2节“学会看懂服装纸样”。

STEP 03

拿出准备好的布料和里布，会缩水的布料注意要先过水。

STEP 04

熨烫并整理好布料，以免裁布时有褶皱。

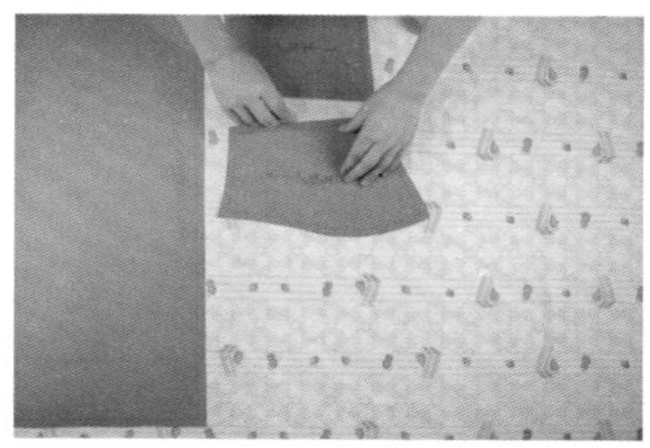

STEP 05

在布料上规划好图案的位置，用画粉或高温气消笔等将纸样的轮廓画到布料上，以备裁剪。

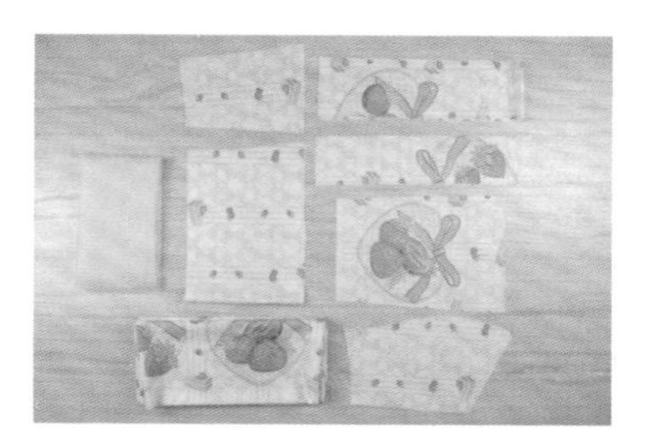

STEP 06

按照纸样的外轮廓裁出各片布料。

Tips

这里需要裁出裙片2片，前中片1片，后中片1片，前侧片左右对称各1片（共2片），后侧片左右对称各1片（共2片），腰带2片，肩带2片。要注意双层半圆符号的意思，可参见本书5.2节“学会看懂服装纸样”。

STEP 07

按纸样裁剪出上身部分的里布（此处不做裙子下身的里布，想做的朋友可在此处一并裁出。

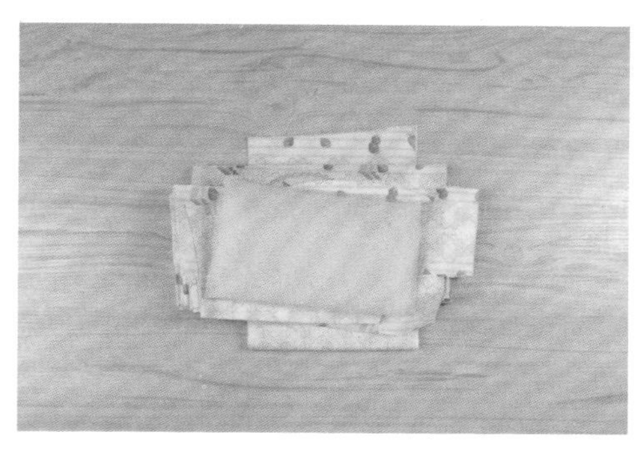

STEP 08

这样就准备好了所有的裁片。

STEP 09

准备好之后会用到的蕾丝、织带、橡筋等各种辅料。

STEP 10

拿出裁剪好的前中片和左右的前侧片。

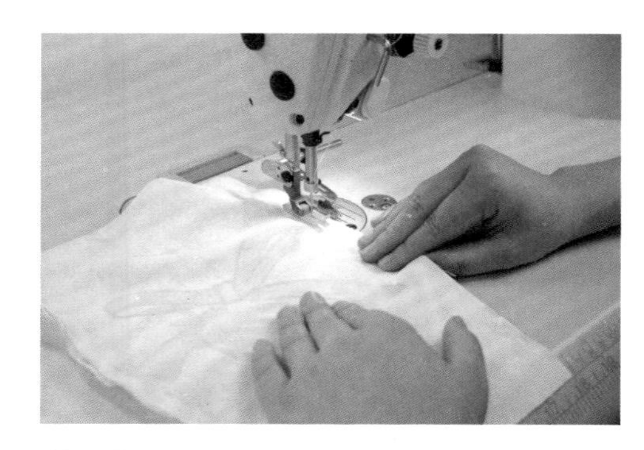

STEP 11

使用缝纫机缝合前中片和前侧片。

STEP 12

在弧线处打剪口，避免这些地方产生褶皱，并将缝份的宽度修窄一些。

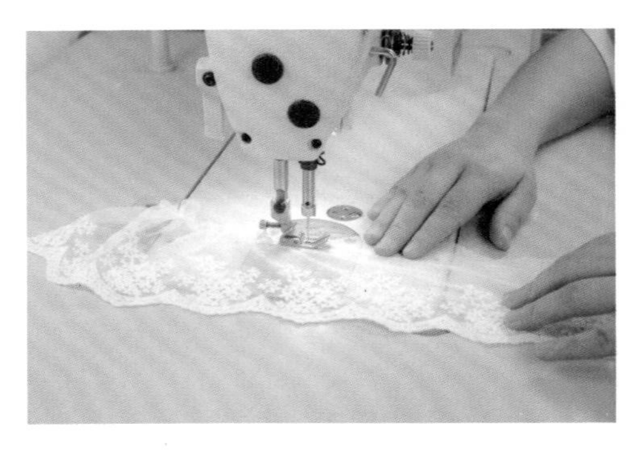

STEP 13

对装饰胸口用的蕾丝进行抽褶，其长度要大于或等于需要装饰的部位。

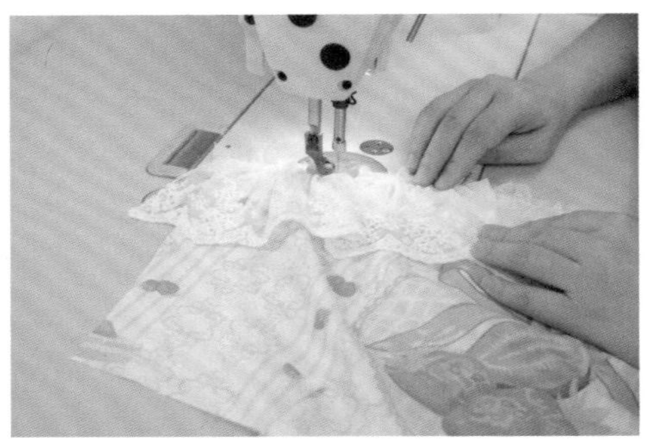

STEP 14

用缝纫机把抽好褶的蕾丝固定在刚才缝合好的前中片的上方。

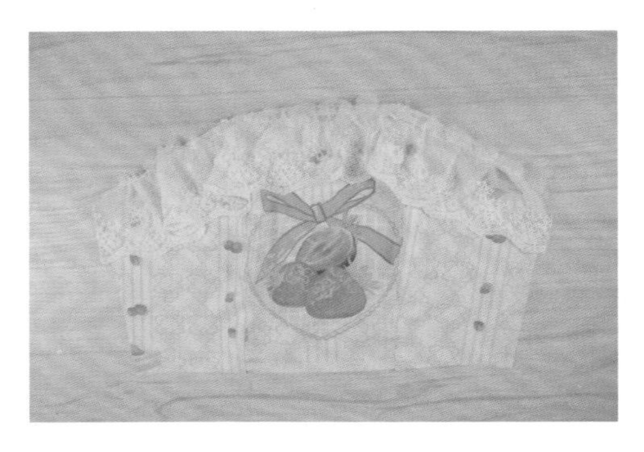

STEP 15

固定好蕾丝之后的效果。

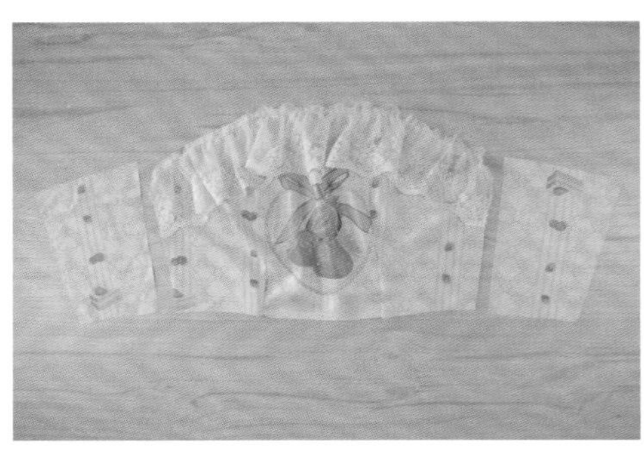

STEP 16

拿出左右的后侧片，准备将其和相应的前侧片缝合。

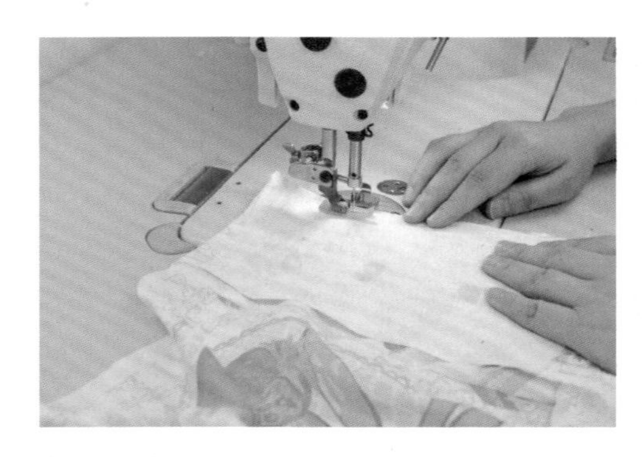

STEP 17

用缝纫机缝合前侧片和后侧片。

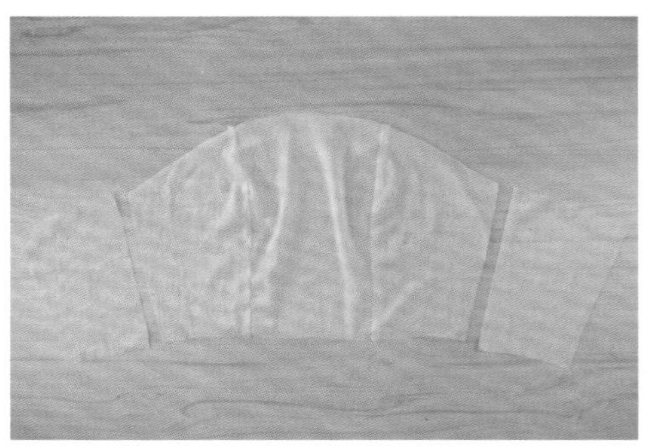

STEP 18

按照刚才做面布的方法，先把里布的前中片和前侧片缝好，然后准备缝合里布的前侧片和后侧片。

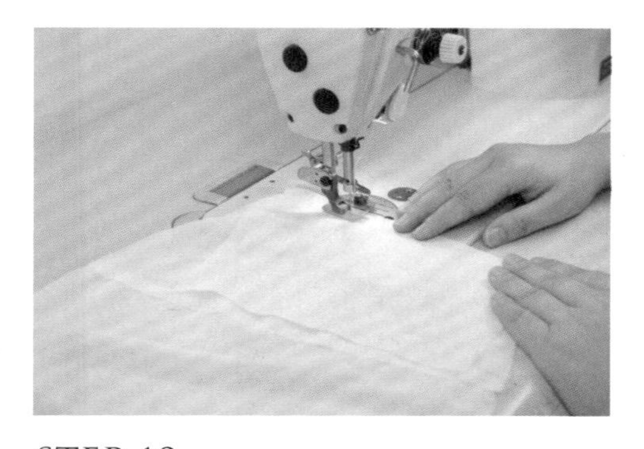

STEP 19

用缝纫机缝合里布的前侧片和后侧片。

STEP 20

拿出之前裁好的两片肩带的布料，将其正面相对进行折叠。

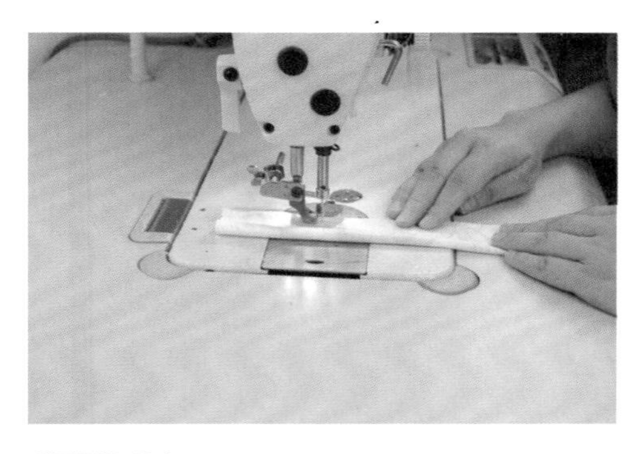

STEP 21

用缝纫机对折叠后的这一边进行缝合。

STEP 22

用翻带器或其他细长的工具将肩带的正面翻到外面并熨烫整理好。

STEP 23

把整理好的肩带夹在面布和里布之间（面布与里布正面相对），并放到合适的位置上固定住（有的纸样上有标记，或直接放在前中片和前侧片相缝合的地方）。这么做的目的是将肩带的缝份藏在面布和里布中间。

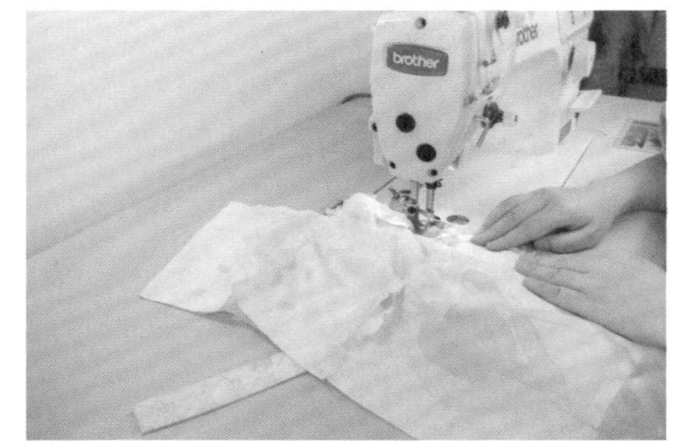

STEP 24

用缝纫机缝合固定肩带。

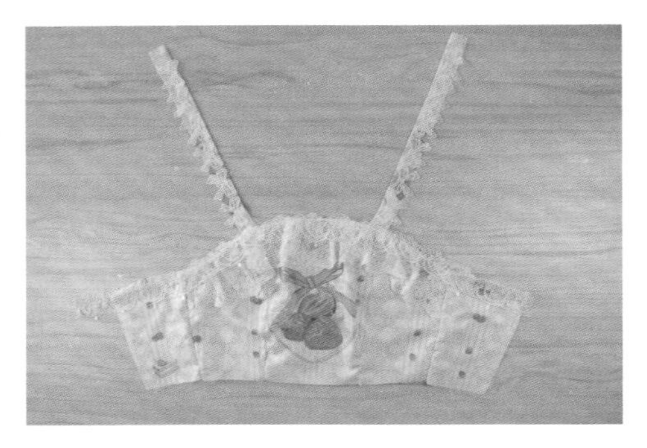

STEP 25

缝合好之后将面布翻到外面，拿出装饰用的蕾丝放在相应的位置上。

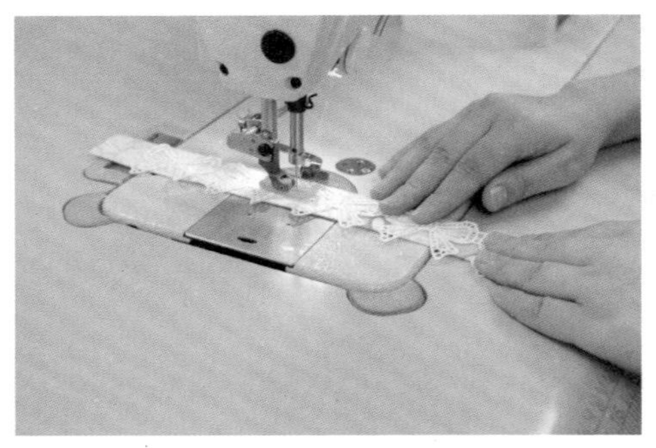

STEP 26

在肩带上缝合好自己喜欢的蕾丝。

STEP 27

可以在胸前蕾丝上再装饰一层花边，增加层次感。

STEP 28

准备好做“素鸡”（后中片）的面布和里布。

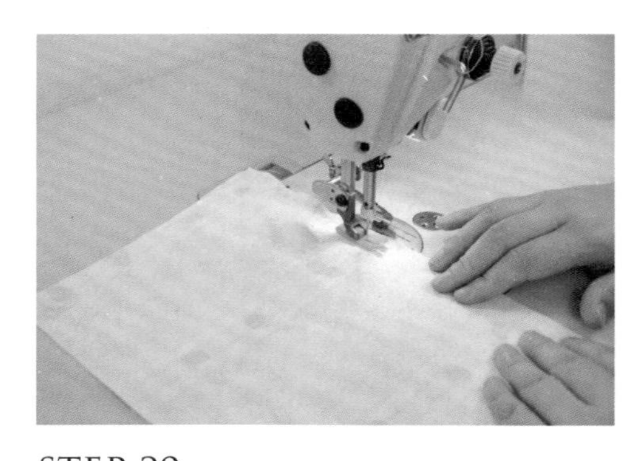

STEP 29

将“素鸡”的面布和里布正面相对，把它们的上侧先缝合起来。

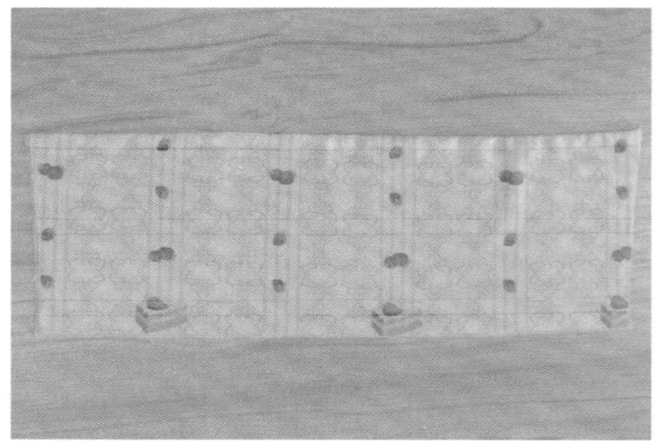

STEP 30

缝合后将布料的正面翻到外面，按照准备好的橡筋的宽度，加点松量画出橡筋的通道（画几条通道也就代表想穿几条橡筋，此处选择穿3条橡筋）。

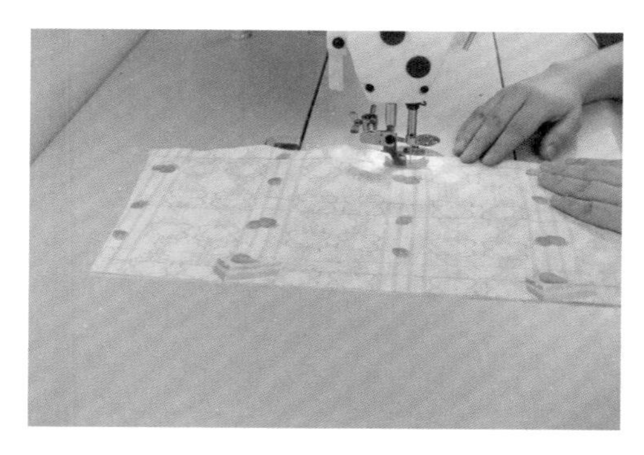

STEP 31

用缝纫机按照画出的线走线，这样就形成了3条通道。

STEP 32

裁剪好实际需要的橡筋长度，使用穿带器将橡筋从一头穿进去，从另外一头穿出来。

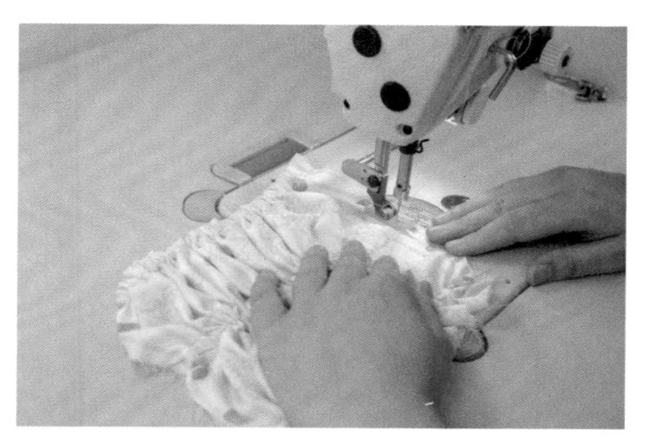

STEP 33

使用缝纫机将“素鸡”的两侧和橡筋的两头固定住，这样就形成了一个可收缩拉伸的“素鸡”。

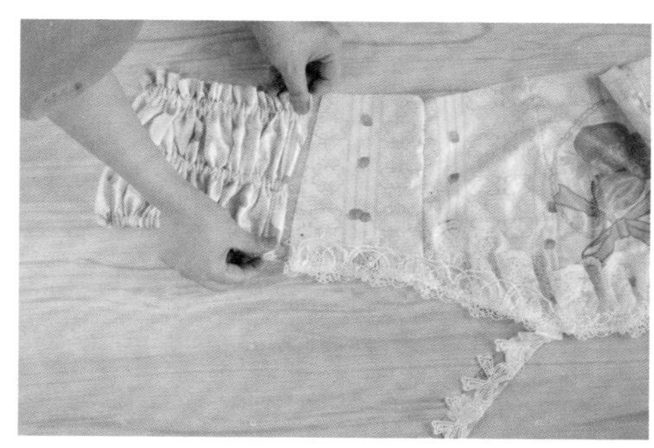

STEP 34

准备将做好的“素鸡”和后侧片缝合起来。

STEP 35

使裙子上半部分的面布和里布正面相对，把“素鸡”夹在中间。缝好后将布料的正面翻出来，缝份就被藏在面布和里布中间了，上半部分会显得更加美观。

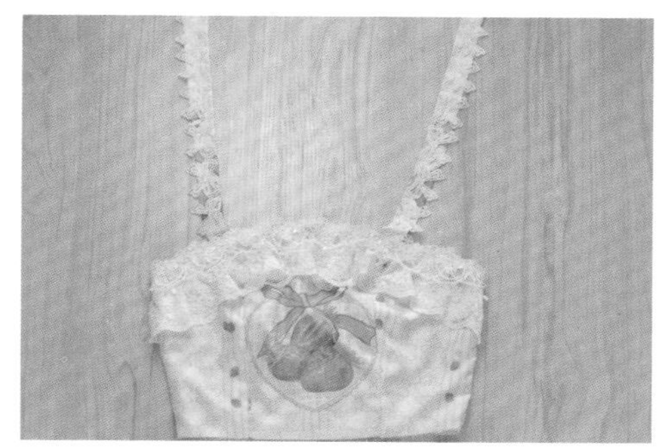

STEP 36

裙子的上半部分就制作完成啦。

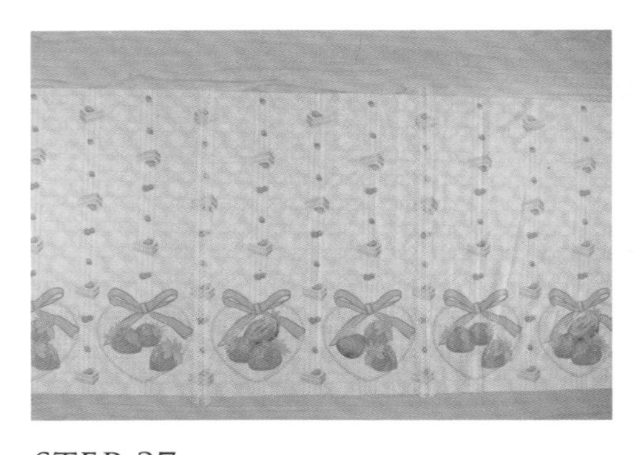

STEP 37

拿出准备好的裙片布料（裁剪裙片时，如果布料够长，可以直接裁成一片；也可以裁成两片，前后各一片）。

STEP 38

拿出装饰用的蕾丝，放在前裙片两侧想要装饰的地方。使用缝纫机车线固定住蕾丝花边。

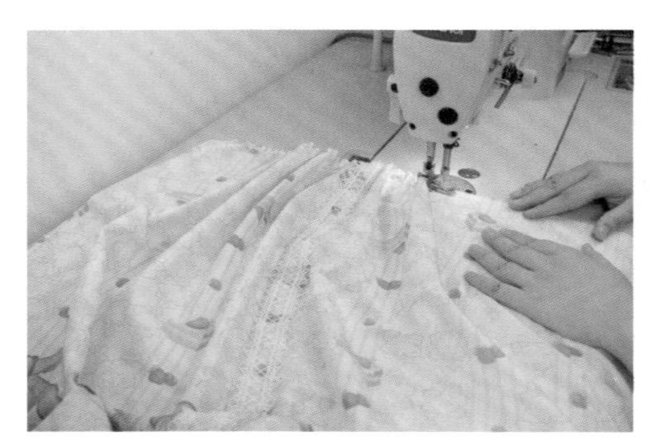

STEP 39

对裙腰的一边进行抽褶，使裙腰的长度和上身对应位置一样长。

STEP 40

拼合前裙片和后裙片（如果布料长度足够，可直接裁成一片，此步就可省略）。

STEP 41

准备好做外层纱裙的纱和蕾丝（如果想更日常和简单一点，可以不做外层纱裙）。

STEP 42

给外层纱裙的蕾丝抽褶，使其长度和纱裙裙摆的长度一致。

STEP 43

将抽好褶的蕾丝和纱裙裙摆缝合在一起，可使用锥子辅助推送。

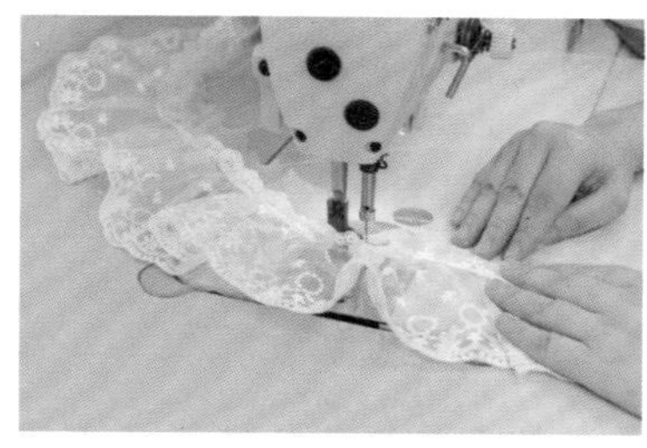

STEP 44

可以在缝合处再加一层蕾丝进行装饰。

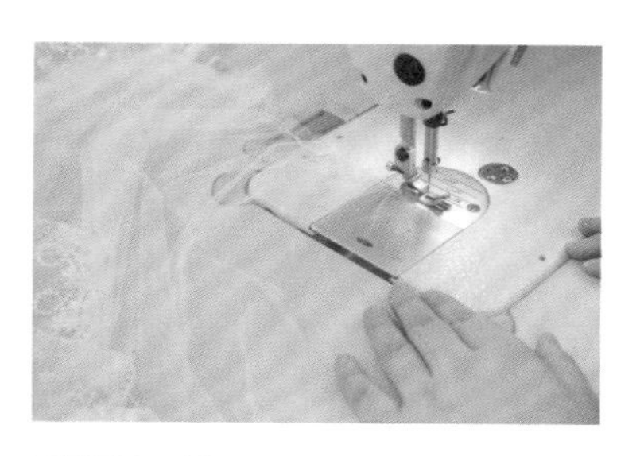

STEP 45

给纱裙的裙腰抽褶，使其长度和裙腰的长度大致相同。

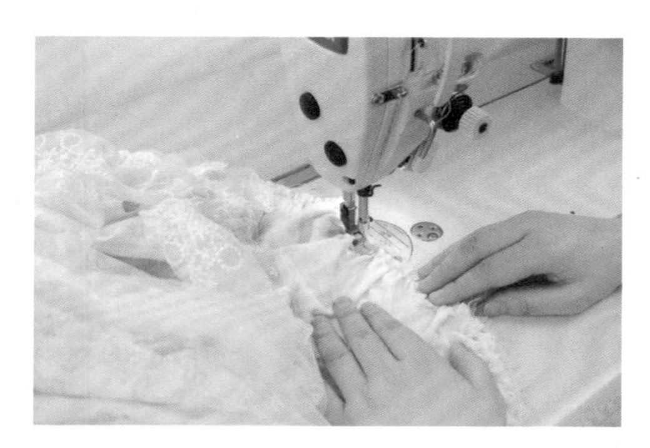

STEP 46

将纱裙和裙腰固定到一起，这样裙片的腰部就基本制作完成了。

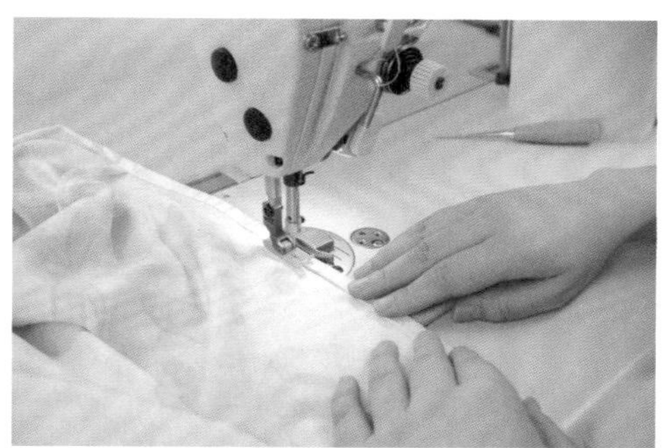

STEP 47

对裙片的下摆进行三折边收边。

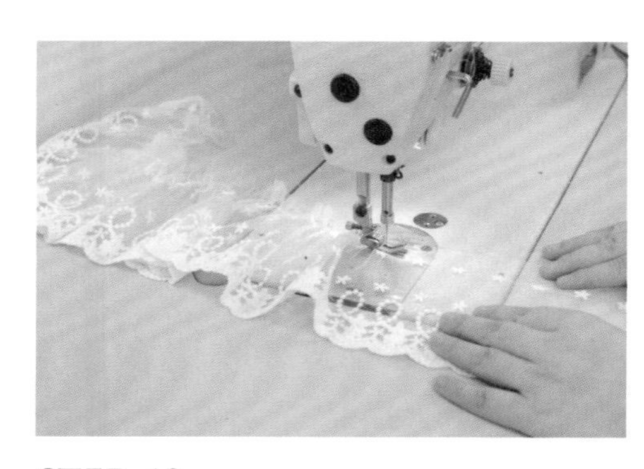

STEP 48

对装饰用的蕾丝进行抽褶，使其长度和裙摆的长度一致。

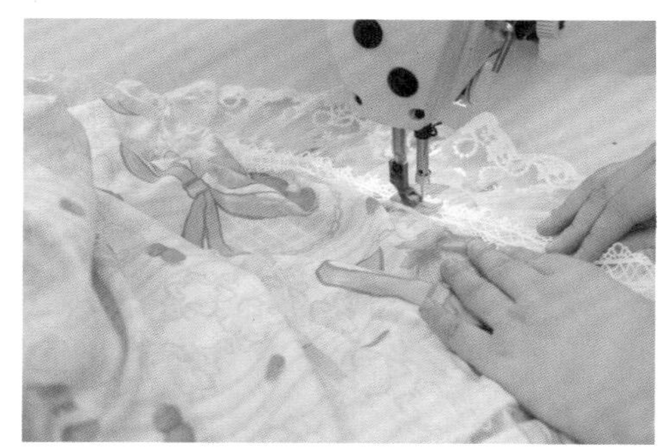

STEP 49

将抽好褶的蕾丝缝合到裙摆上。

STEP 50

这样裙子的下半部分就制作完成啦。

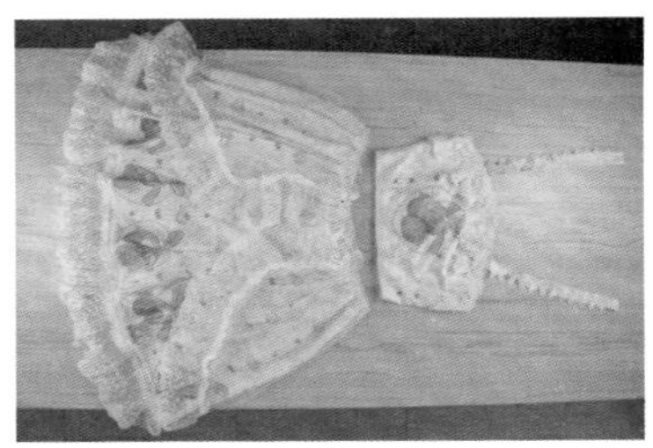

STEP 51

这时拿出我们之前做好的裙子的上半部分，准备将两者缝合到一起。

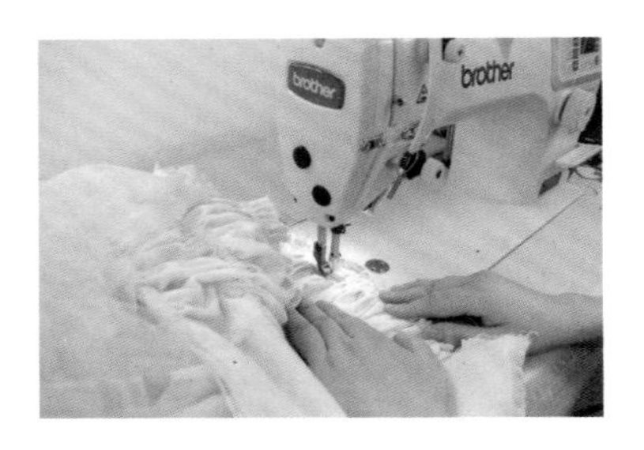

STEP 52

正面相对，缝合裙子的上下两部分。

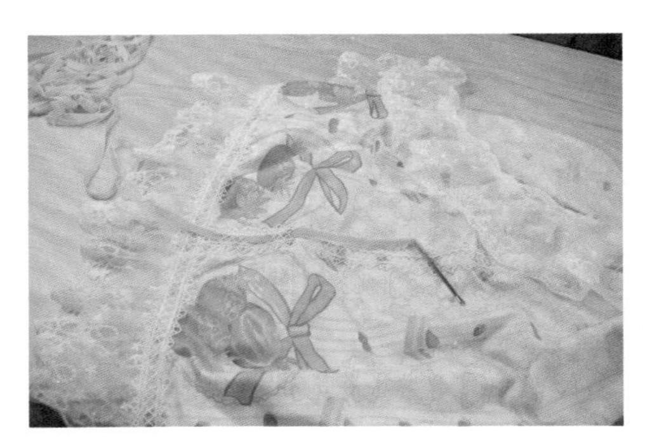

STEP 53

将一些织带穿入装饰用的蕾丝里，进一步进行点缀。

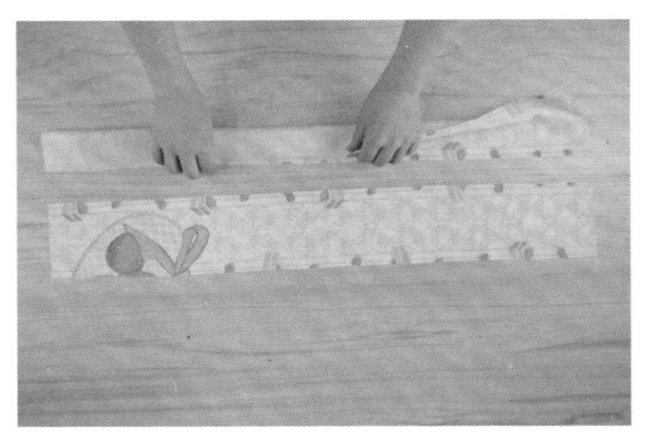

STEP 54

将腰带正面相对进行折叠，具体做法和肩带类似。

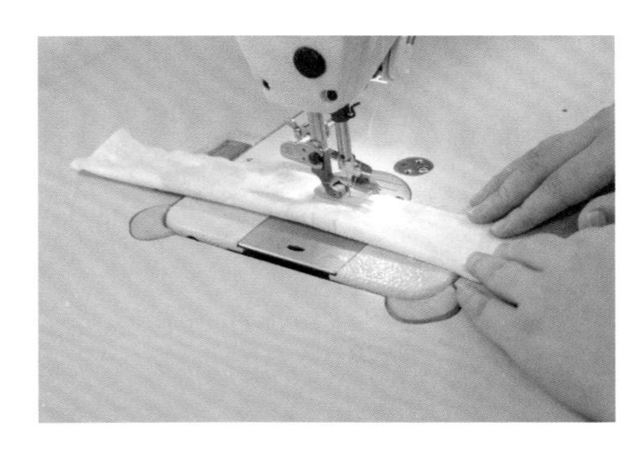

STEP 55

缝合腰带折叠的一侧后，将腰带的正面翻到外面即可。

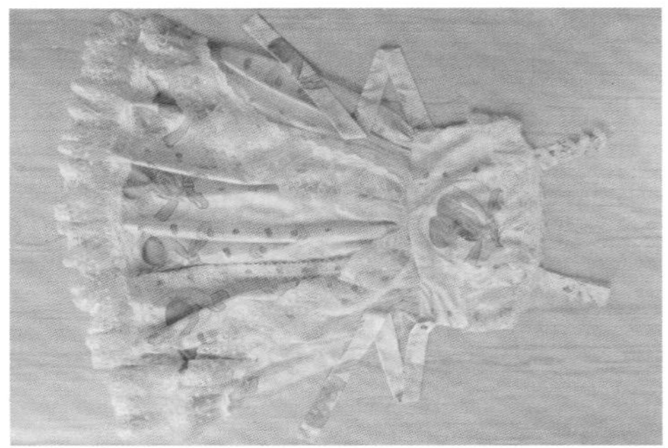

STEP 56

将左右腰带用装饰扣订到侧边上，这条基础款洛丽塔小裙子就制作完成啦。

Tips

腰带可以在后面系成蝴蝶结样式，为裙子增加一份可爱感，所以腰带也可以做成更宽的款式，使蝴蝶结更大。以上做法是将腰带做成可拆卸式，也可在做裙子上半部分的时候将腰带直接夹在前后片中间，然后缝合固定，做成不可拆卸式。

11.4

模特展示

yeste
NOW.
tomorrow

进阶款洛丽塔小裙子的制作

本章我们来学习做一款复杂一些的洛丽塔小裙子，相较于基础款，这件裙子的制作会分为 3 个部分，分别是制作裙子主体、纱袖和罩裙，那么我们就开始制作吧。

12.1

尺码表和布料预估用量

尺码	适合身高 / 胸围	胸围	腰围	衣长	预估用量
S	155/80cm	86cm	70cm	84cm	1.5m
M	160/84cm	90cm	74cm	87cm	1.6m
L	165/88cm	94cm	78cm	90cm	1.7m
XL	170/92cm	98cm	82cm	93cm	1.7m

注：预估用量基于幅宽为 150cm 的满印花布料，双边定位花布料需要准备 1.8m。以上预估用量不包含纱袖和罩裙的用量，制作纱袖需要准备 1m 布料，制作罩裙需要准备幅宽为 160cm 的 1m 布料即可。

12.2

缝制前的准备

①准备好剪刀、熨斗、珠针、画粉或高温气消笔、粘合衬、翻带器和缝纫机等工具。

②准备好一块适合做洛丽塔的布料和纱袖、罩裙的布料，布料可以是各种雪纺、涤纶、棉麻或真丝等材质，整体色彩要搭配，布料图案根据洛丽塔的风格进行选择，比如甜美、哥特、田园、中国风等，以能突出服饰所要表达风格的元素为主。一般有专门的店卖具有这类图案的布料，大家可以按自己的需求和审美进行选择。同时要准备好足够的里布。

③准备好蕾丝、织带、纱、拉链等辅料，用来装饰和搭配。

④取出书后附带的纸样，最好按自己的尺码复制一份使用。由于是多码合一，为了使线条不会太乱，纸样上没有设置缝份，读者需要自己设置 1cm 左右的缝份。下摆处要通过三折边进行收边，可以设置 2.5cm 左右的缝份。

12.3

裁剪纸样并准备布料、辅料

STEP 01

沿纸样的外轮廓进行裁剪。

Tips

本图裁剪的纸样是直接打印的，已经设置了缝份，书后面附带的纸样需要读者自己设置缝份。

STEP 02

裁剪得到衣片的纸样。

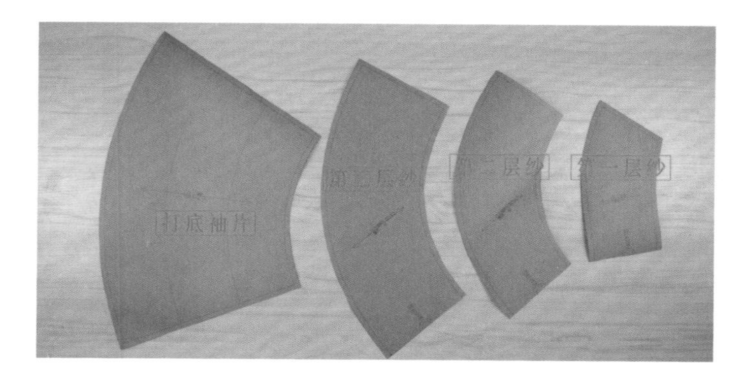

STEP 03

纱袖的纸样。

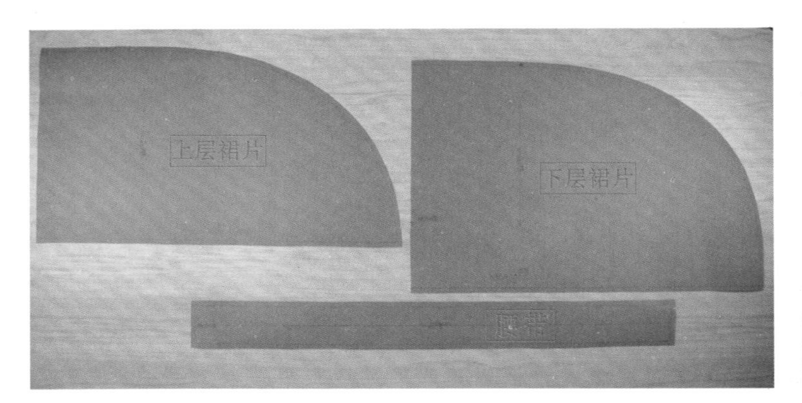

STEP 04

罩裙的纸样。

Tips

注意纸样上符号的意思，可参见本书5.2节“学会看懂服装纸样”。

STEP 05

准备好需要的布料，会缩水的布料注意要先过水。

STEP 06

准备一些装饰用的蕾丝、织带、纱和拉链等辅料。

12.4

裙子主体的制作

STEP 01

拿出制作裙子主体的布料，将其熨烫平整并整理好。

STEP 02

按布料图案规划好位置，用画粉或高温气消笔等将纸样的轮廓画到布料上，以备裁剪。

STEP 03

按纸样裁剪出裙子的面布。

Tips

这里需要裁出前裙片一片，后裙片两片（每片是前裙片的一半，方便上拉链），前侧片左右对称各一片（共两片），前中片 A 一片，前中片 B 左右对称各一片（共两片），后衣片左右对称各一片（共两片）。要注意双层半圆符号的意思，可参见本书 5.2 节“学会看懂服装纸样”。

STEP 04

按纸样裁剪出上身部分的里布（此处不做裙子下身的里布，想要做的朋友可以在此处一并裁出）。

STEP 05

将装饰用的织带交叉固定在前中片A上。

STEP 06

拿出左右前侧片、左右前中片B和已经装饰好的前中片A，准备将他们拼合起来。

STEP 07

使用缝纫机将正面相对的前侧片和前中片B、前中片B和前中片A缝合起来备用。

STEP 08

准备好里布的左右前侧片、左右前中片B和前中片A，准备将他们拼合起来。

STEP 09

使用缝纫机将正面相对的里布的前侧片和前中片B、前中片B和前中片A缝合起来备用。

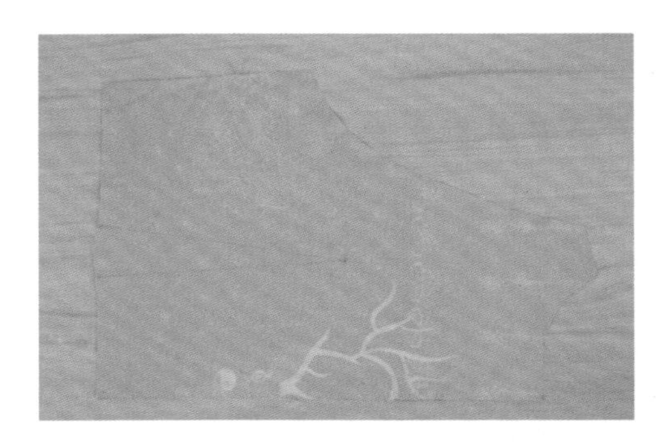

STEP 10

拿出后衣片，按纸样画出省缝的线，准备用来收省。

Tips

为了使布料更贴合人体，我们会将一些多余的量折叠缝缉，使之消去，这就是收省。收省时需要折叠的两条线就是省缝。

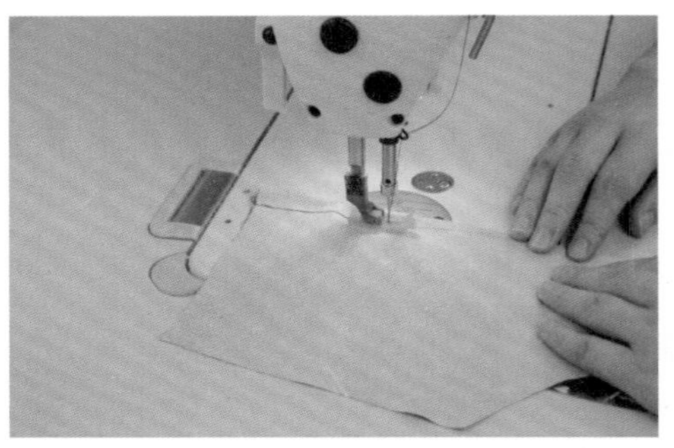

STEP 11

将两条省缝的线重合，使用缝纫机沿重合的省缝的线迹缝合即可完成收省。

STEP 12

使用同样的方式完成后衣片里布的收省。

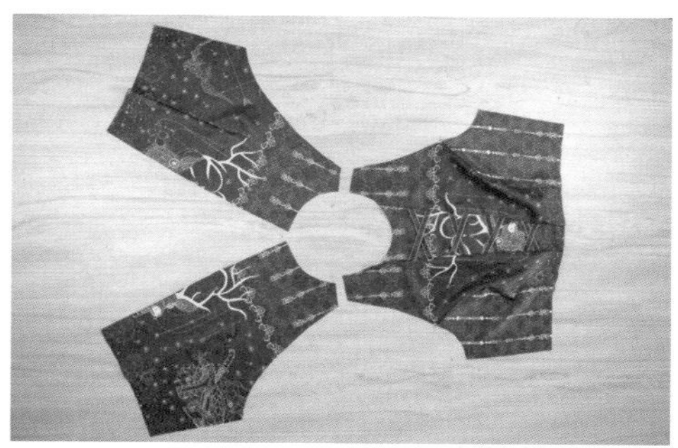

STEP 13

拿出缝合好的前衣片和收省后的后衣片，准备将它们的肩缝处缝合到一起。

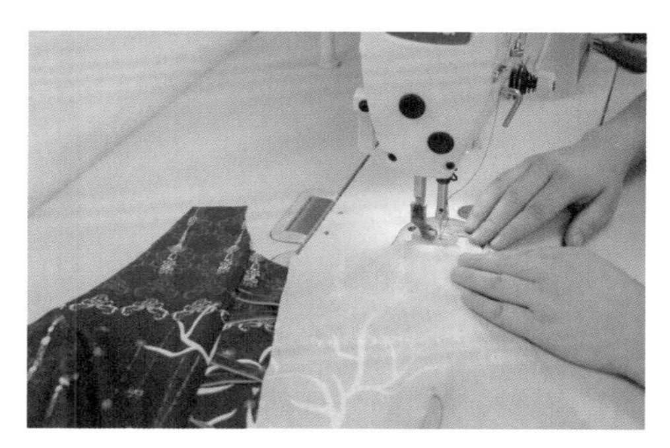

STEP 14

使用缝纫机缝合肩缝处。

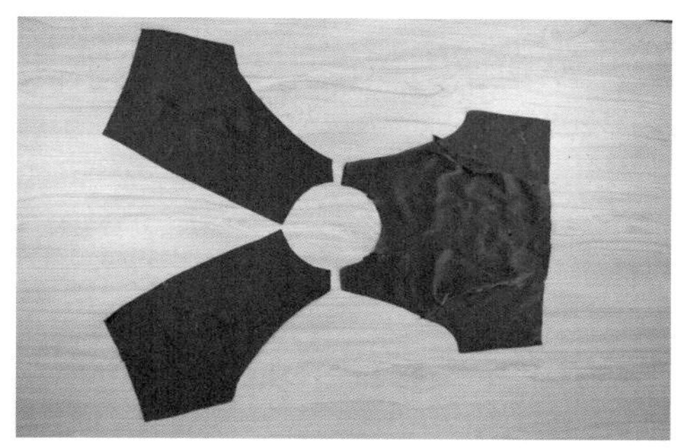

STEP 15

拿出里布的部分，准备完成同样的操作。此处要注意缝份应位于里布内侧，这样便于之后将这些缝份藏在面布和里布中间，使裙子看上去更加美观。

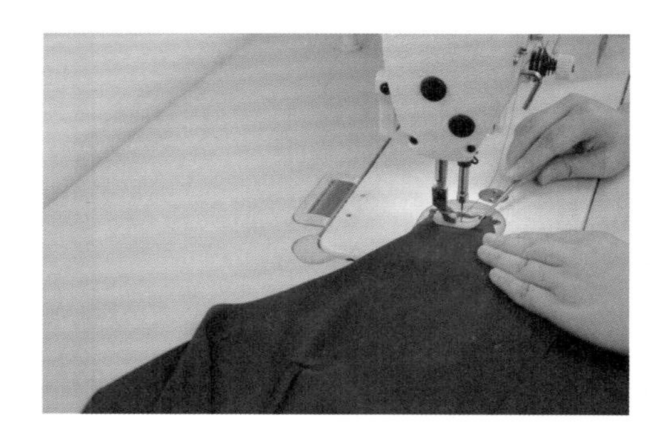

STEP 16

使用缝纫机缝合里布的肩缝处。

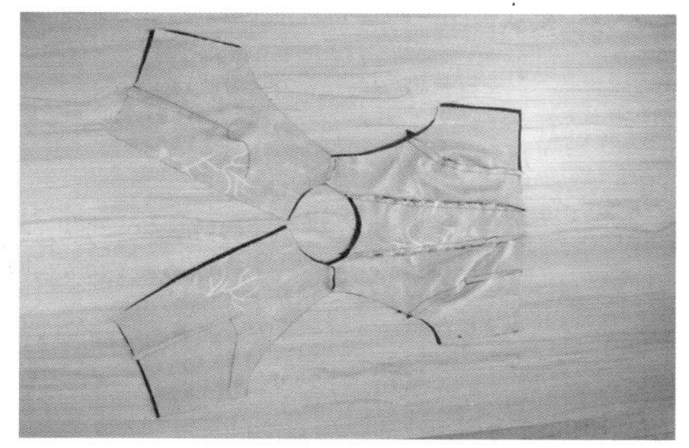

STEP 17

将衣片的面布和里布叠在一起准备缝合。此处注意将面布和里布的正面相对，即有缝份的一面都在外侧，这样将面布和里布缝在一起之后翻过来，所有缝份就被藏在面布和里布中间了。

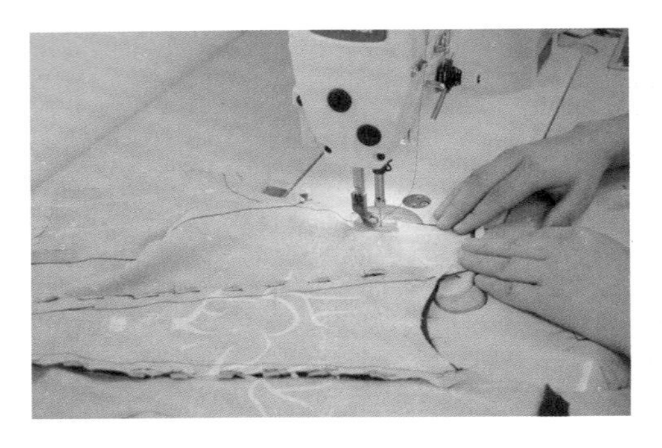

STEP 18

缝合袖笼。

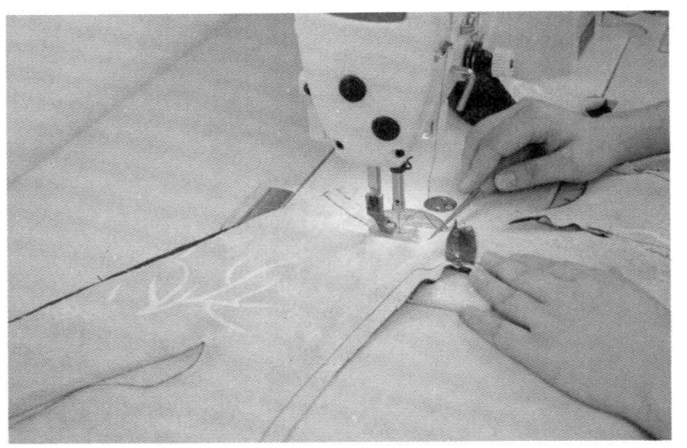

STEP 19

缝合领口。

STEP 20

在弧线处打剪口，避免这些地方产生褶皱，并将缝份的宽度修窄一些。

STEP 21

将袖笼和领口缝合后，将衣片的正面翻到外面来。

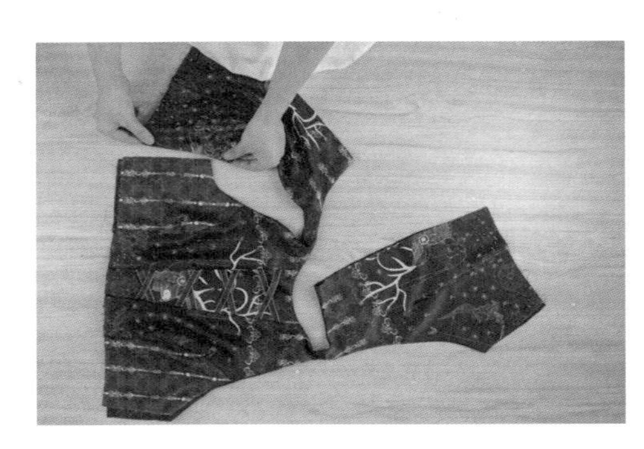

STEP 22

翻到正面后，所有缝份都被藏在面布和里布中间了，然后准备缝合前衣片和后衣片的侧缝。

STEP 23

缝合侧缝时，衣片仍然要正面相对。

STEP 24

使用缝纫机缝合侧缝后备用。

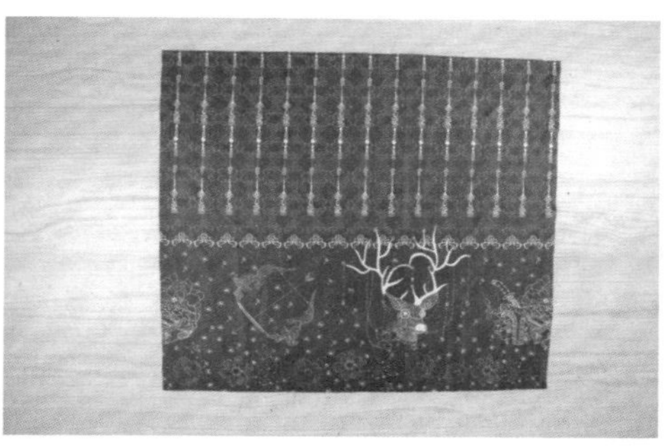

STEP 25

拿出裁剪好的后裙片（共两片）。

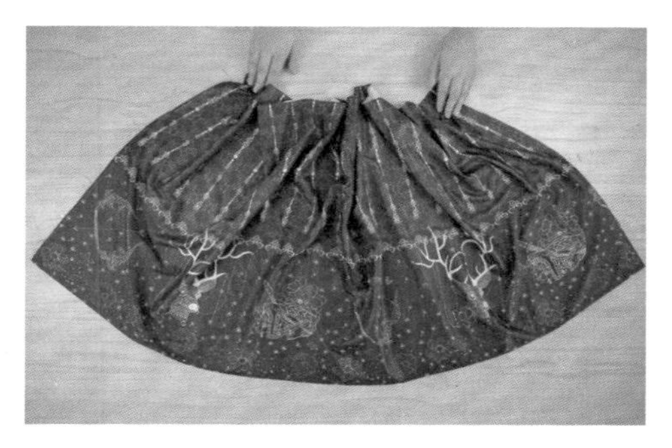

STEP 26

拿出裁剪好的前裙片。

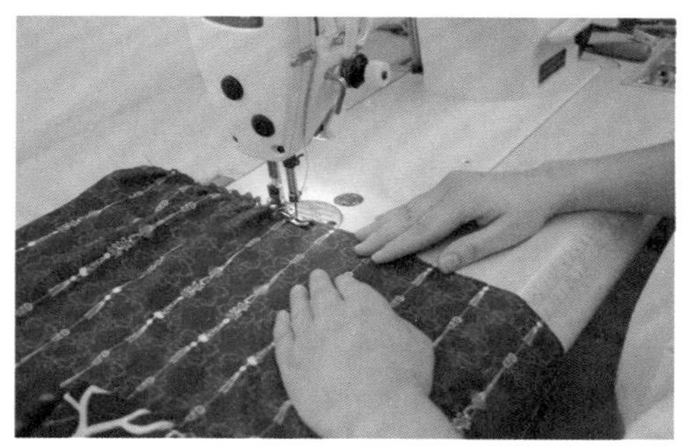

STEP 27

使用压脚抽褶或手动抽褶的方法，将前后裙片腰部的一边抽褶到和上衣的对应拼接处一样长。

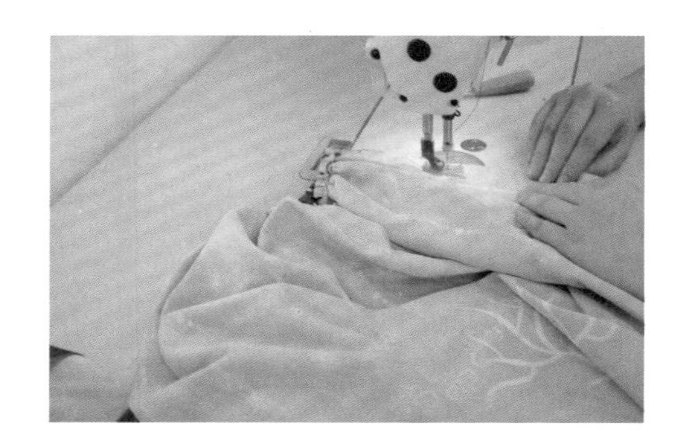

STEP 28

将前后裙片的侧缝缝合在一起，即分别将左右后裙片缝合到前裙片的两侧。

STEP 29

拿出缝合好的裙片和之前做好的上衣片，准备将腰部缝合到一起。

STEP 30

使上衣片和裙片正面相对，将腰部缝合在一起。

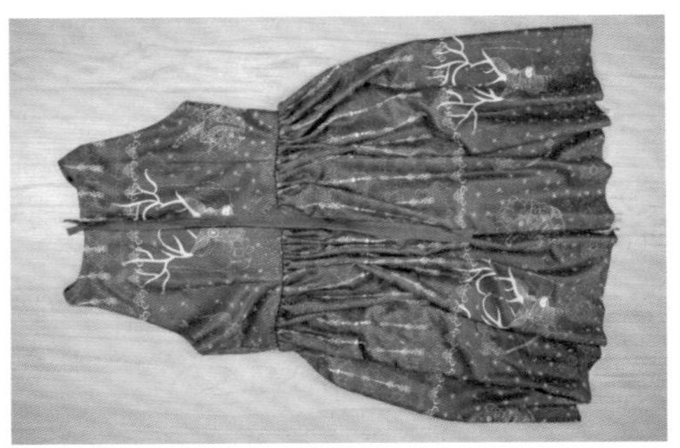

STEP 31

准备好长度合适的拉链。

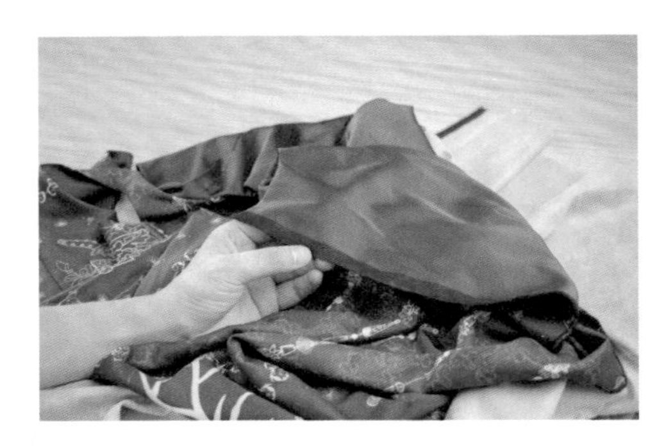

STEP 32

给上拉链的地方贴上粘合衬条，以防上拉链的时候衣片变形。

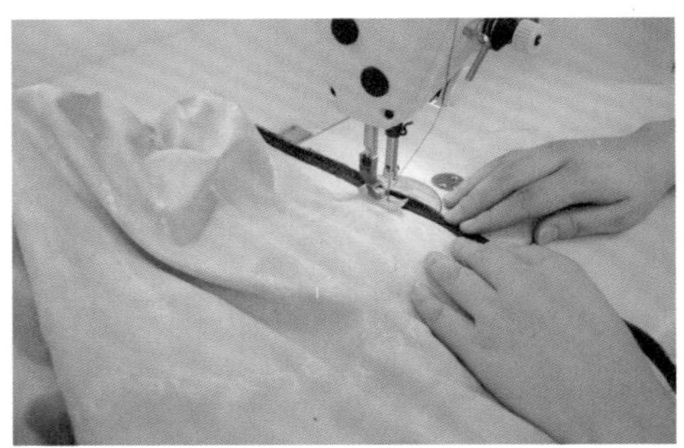

STEP 33

将后裙片拉链下面不需要上拉链的部分缝合到一起。

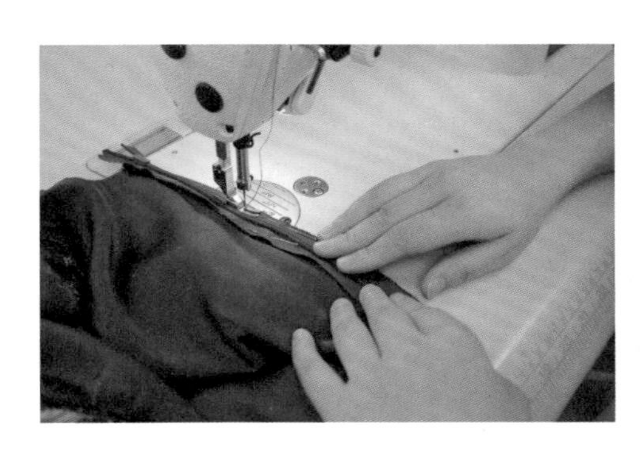

STEP 34

将拉链上到相应的位置上，具体方法可参见7.10节“拉链的安装方法”。

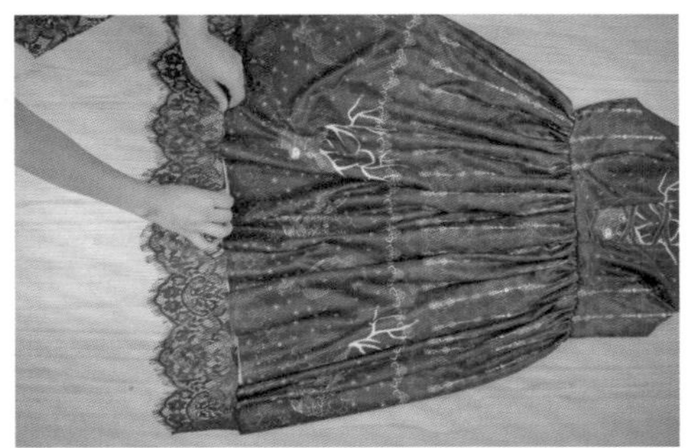

STEP 35

拿出准备好的蕾丝，对裙子的下摆进行装饰。

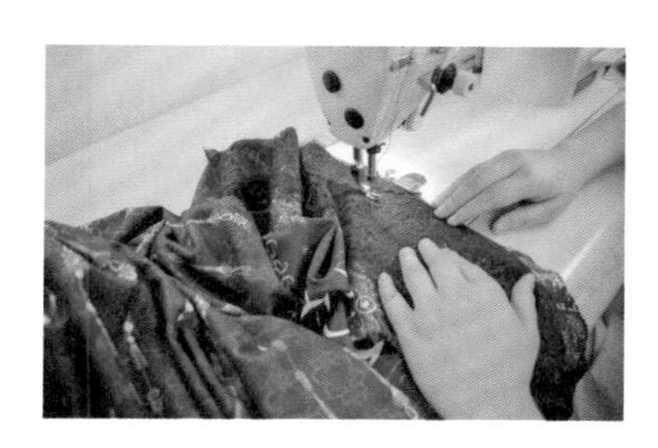

STEP 36

使蕾丝和下摆正面相对并进行缝合，留出2~2.5cm的缝份以便收下摆。

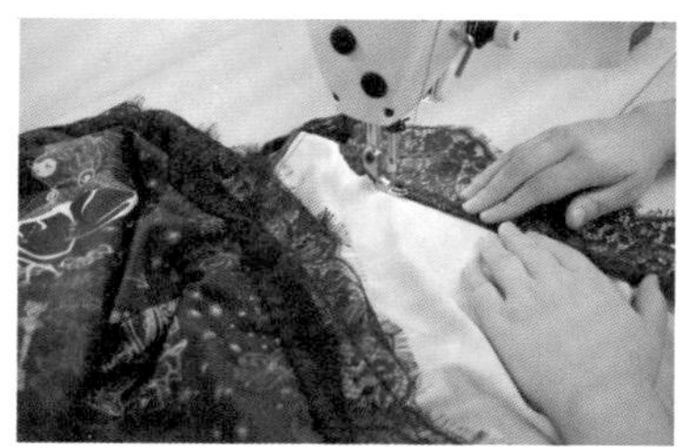

STEP 37

把下摆的缝份折向裙片的内部，并缝合固定。

STEP 38

拿出装饰用的纱，准备对领口进行装饰。

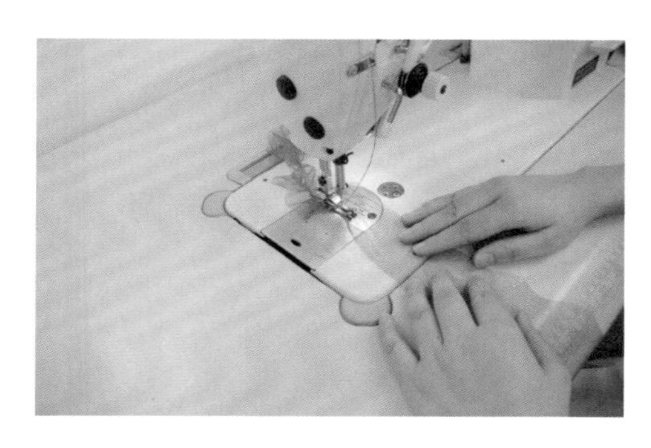

STEP 39

按自己想要的抽褶密度给纱抽褶。

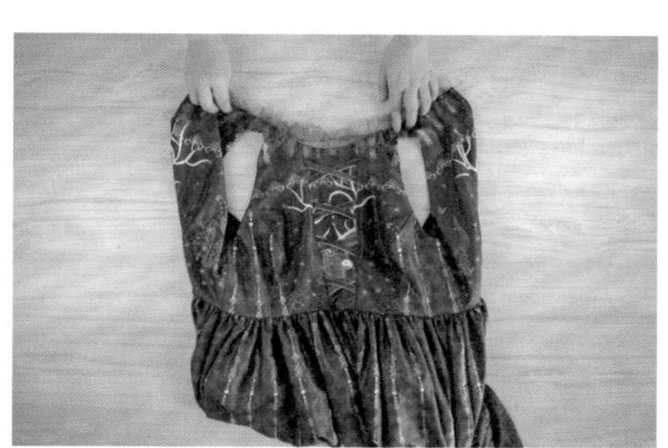

STEP 40

将纱抽褶到和领口一样的长度，可以使用珠针等小工具进行固定。

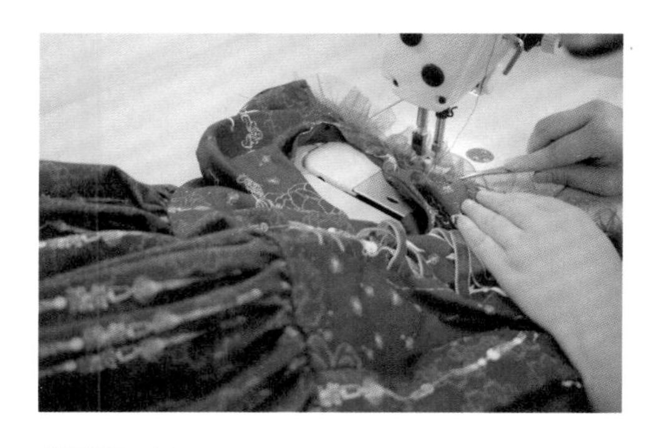

STEP 41

用缝纫机将纱固定到领口上。

STEP 42

裙子主体制作完成。

12.5

纱袖的制作

STEP 01

根据纸样裁剪并准备好用来做纱袖的袖片，从左到右分别是第一、二、三层纱和打底纱。

STEP 02

拿出第一层纱，上面有一些珍珠装饰，适合放在手臂位置。

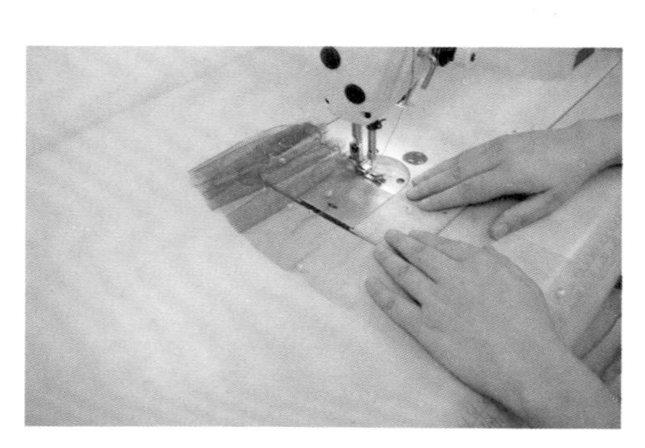

STEP 03

给第一层纱抽褶。

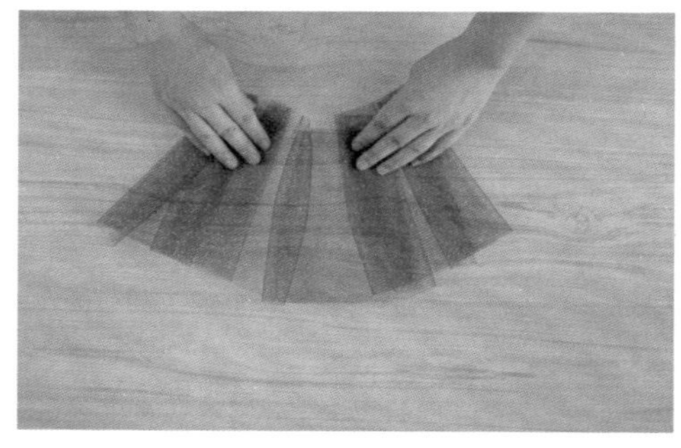

STEP 04

拿出第二层纱。

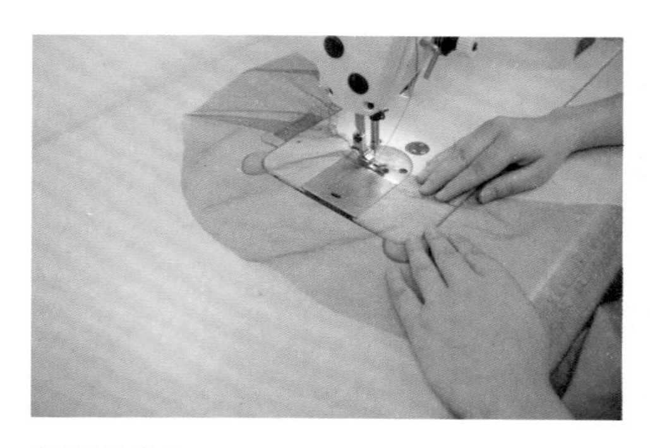

STEP 05

给第二层纱抽褶。

STEP 06

拿出第三层纱。

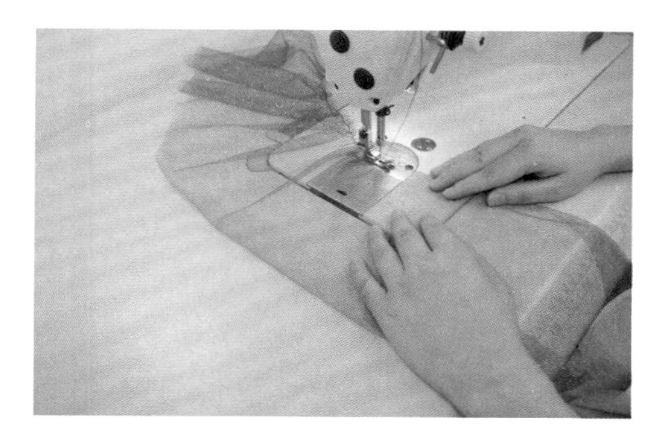

STEP 07

给第三层纱抽褶。

STEP 08

把抽好褶的3层袖片都放到打底纱上，并用珠针把它们固定在打底纱的相应位置上。

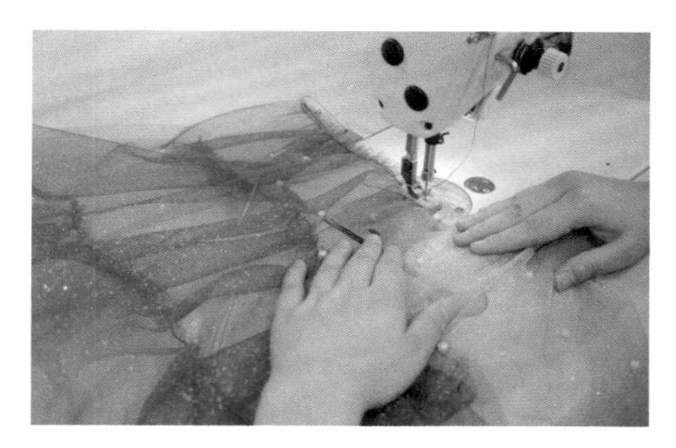

STEP 09

用缝纫机分别把3层袖片固定在打底纱上。

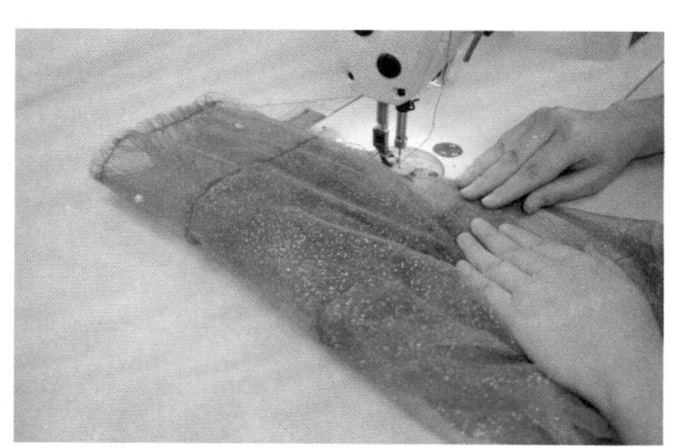

STEP 10

缝合纱袖的侧边。

STEP 11

整个纱袖就制作完成了。

12.6

罩裙的制作

STEP 01

准备好制作罩裙所需的腰带，并按纸样裁剪好裙片布料。

Tips

可以按纸样裁出腰带，此处是直接买了一条带子来做腰带。

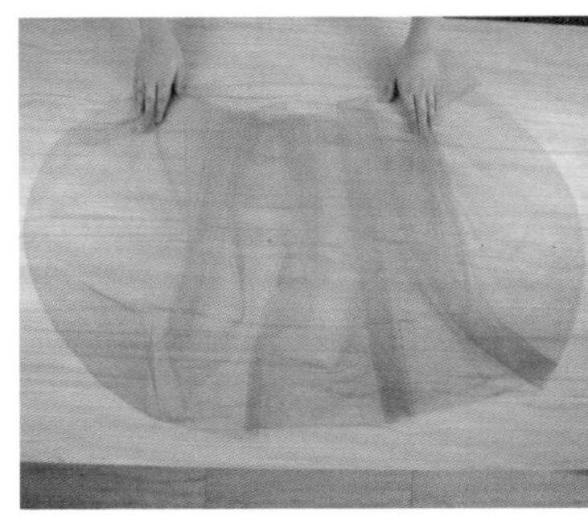

STEP 02

拿出下层裙片，将其确定为腰部的一边，准备进行抽褶。

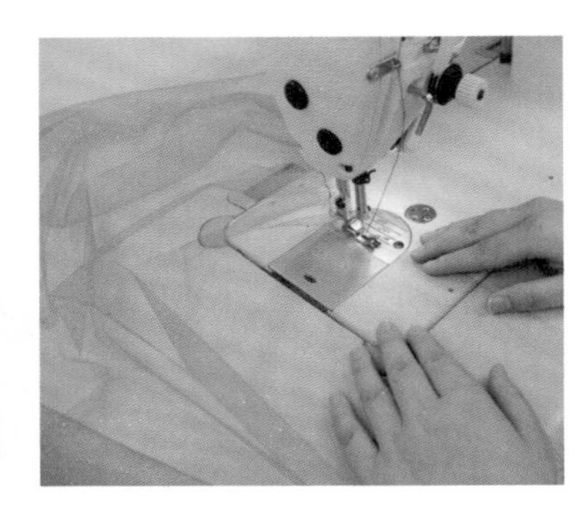

STEP 03

给下层裙片抽褶。

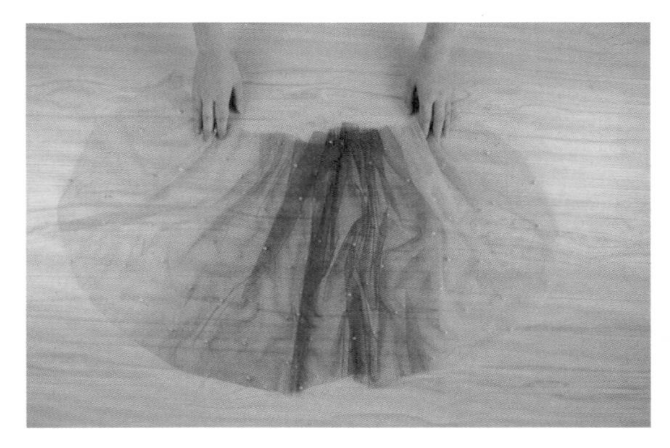

STEP 04

拿出上层裙片。

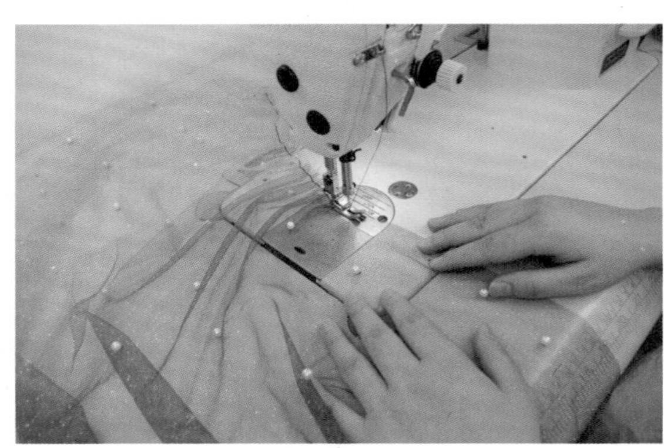

STEP 05

给上层裙片抽褶。

STEP 06

使用珠针将两层裙片固定在一起，避免缝制时移位。

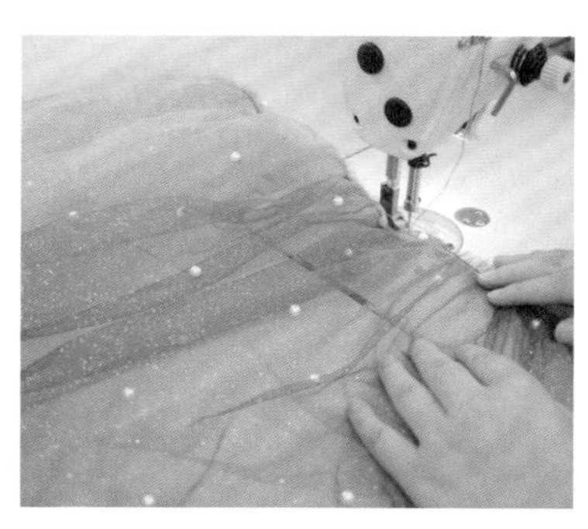

STEP 07

用缝纫机将两层裙片固定在一起。

STEP 08

将装饰用的腰带固定在裙片的腰部位置。

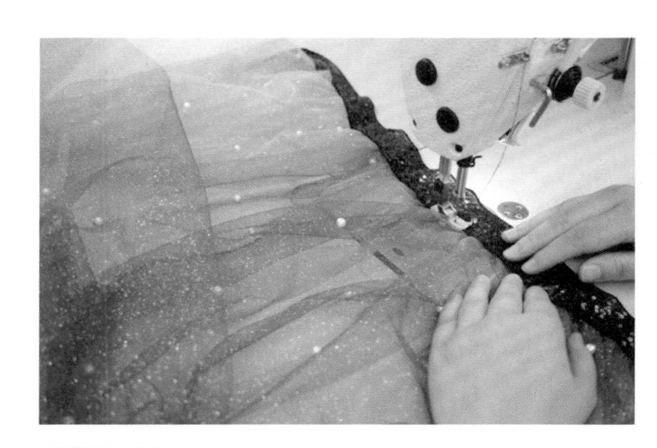

STEP 09

使用缝纫机将裙片和腰带固定在一起。

STEP 10

将多余的腰带打成蝴蝶结，罩裙就制作完成了。

12.7

模特展示